"十二五"职业教育国家规划教材

经全国职业教育教材审定委员会审定

旅游类专业教材系列

茶艺服务与管理

（第二版）

饶雪梅　主　编

陈洁丹　蒋　波
祁海霞　张春丽　副主编

科学出版社

北　京

内 容 简 介

本书是关于茶艺与茶馆经营的理论与实践一体化教材。全书分为 7 个模块、31 个项目，主要介绍了茶叶识别、茶席设计、泡茶技艺、茶艺表演、茶道欣赏、茶会服务、茶馆管理等内容。各个实训项目目标明确、方法恰当、内容完整，方便教师讲授和学生学习。

本书既可作为高职院校酒店管理、餐饮管理、旅游管理及相关专业的教材，也可作为茶馆从业人员岗位培训、就业培训、茶艺师国家职业资格考试培训教材，还可作为广大茶艺爱好者自学的参考教材。

图书在版编目（CIP）数据

茶艺服务与管理 / 饶雪梅主编. —2 版.—北京：科学出版社，2015
（"十二五"职业教育国家规划教材·旅游类专业教材系列）
ISBN 978-7-03-044427-1

Ⅰ．①茶…　Ⅱ．①饶…　Ⅲ．①茶艺-文化-中国-高等职业教育-教材
Ⅳ．①TS971

中国版本图书馆 CIP 数据核字（2015）第 111804 号

责任编辑：王彦刚　赵　茜/ 责任校对：柏连海
责任印制：吕春珉 / 封面设计：东方人华平面设计部

科学出版社 出版
北京东黄城根北街 16 号
邮政编码：100717
http://www.sciencep.com
铭浩彩色印装有限公司印刷
科学出版社发行　各地新华书店经销
*

2008 年 3 月第　一　版　　开本：787×1092 1/16
2015 年 6 月第　二　版　　印张：14
2018 年 11 月第十七次印刷　字数：315 000
定价：36.00 元
（如有印装质量问题，我社负责调换〈骏杰〉）

销售部电话 010-62134988　编辑部电话 010-62138978-2016（VF02）

第二版前言

中国是茶的故乡，茶被称为中国的国饮，以茶养廉、以茶修德、以茶怡情，饮茶已成为现代人的一种生活方式、一种文化艺术。茶馆以向茶客提供茶艺服务为宗旨，既承接传统，又开创时尚，成为新兴的茶文化产业，也是休闲产业的一个分支。面对茶馆如何提高经营管理水平满足市场需求的问题，加强茶馆从业人员的培训则显得尤为重要。目前国内许多高职院校酒店管理、餐饮管理、旅游管理及相关专业开设了茶艺服务、茶馆管理、茶文化等课程，虽然市场上有很多相关的书籍，但内容缺乏针对性和实用性。本书即是针对目前如何培养和提高茶馆从业人员的专业能力和职业素养而编写的，是在2008年3月由科学出版社出版的《茶艺服务实训教程》的基础上改编而成的。

本书在内容编排上根据高职教育规律和高职学生的认知特点，充分吸取了其他同类书之所长，以技能训练为主线、相关知识为支撑，将茶艺师国家职业资格考试所规定的职业标准融入教材，具有较强的实践指导性；在编写上强调对学生服务技能、职业素养、创业意识的培养；在结构上采用了模块和项目的编排方式，共设计了7个模块、31个项目的教学内容。本书以项目为基本单元，注重与实际工作任务相吻合，实训项目包括学习目标、关键词、预习思考、实训流程、实训时间、实训器具、实训要求、实训方法、实训步骤与操作标准、综合测试、知识链接等，让学生通过完成具体项目来构建相关理论知识，并发展职业能力。

本书具体编写分工为：模块一、模块二、模块七和附录部分由饶雪梅（广州番禺职业技术学院）编写，模块三、模块四由陈洁丹（广州番禺职业技术学院）编写，模块五由祁海霞（东北石油大学秦皇岛分校）、卢明强（东北石油大学秦皇岛分校）编写，模块六由蒋波（深圳信息职业技术学院）、张春丽（浙江旅游职业学院）编写，饶雪梅对全书进行统稿。

在编写本书过程中，我们参考和引用了许多国内外作者的成果，在此深表谢意。

由于编者水平有限，书中疏漏和不足之处在所难免，敬请专家及广大读者予以指正赐教。

第一版前言

中国是茶的故乡，茶被称为是中国的国饮，它蕴涵了深厚的传统文化底蕴。古人以茶养廉、以茶修德、以茶怡情，而今饮茶已成为现代人的一种生活方式和一种文化艺术。茶艺馆以向茶客提供茶艺服务为宗旨，既承接传统，又开创时尚，成为新兴的茶文化产业，也是休闲产业的一个分支。面对市场需求，茶艺馆的服务员岗位培训显得尤为重要。目前国内许多高职高专院校饭店管理、餐饮管理及相关专业开设了茶艺服务课程，虽然市面上有很多有关茶艺的书籍，但内容缺乏针对性和实用性，本书即是针对目前如何培养和提高茶艺服务人员的操作技能和综合素养而编写的高职高专教材。

本书在内容编排上根据高职高专教育的特点和高职高专学生的认知规律，充分吸取了其他教材之所长，以技能训练为主线、相关知识为支撑，将国家茶艺师职业资格考试所规定的职业标准融入其中，具有较强的实践指导性。本书以实训项目为基本单元，注重与实际工作流程相吻合，每个实训项目包括实训目的、关键词、知识背景、预习思考、实训流程、实训时间、实训要求、实训器具、实训方法、实训步骤与操作标准、综合测试、相关链接等环节，方便教师讲授和学生学习。

本书具体编写分工为：模块一至四由饶雪梅（番禺职业技术学院）编写，模块五、六由李俊（郑州旅游职业学院）编写，附录部分由张玮（郑州旅游职业学院）编写，饶雪梅对全书进行了统稿。

本书在编写过程中参考和引用了许多国内外学者的成果，在此深表谢意。

由于编者水平有限，本书内容可能有不妥之处，敬请广大读者批评指正。

目　　录

模块 一

茶 叶 识 别

通过本模块的学习与训练，了解茶叶分类知识和茶叶识别的 5 个指标，掌握品茶的基本程序，了解茶叶质量分级和茶叶储藏知识，熟悉绿茶、红茶、黄茶、白茶、青茶、黑茶、花茶的主要名优茶的产地及品质特征，能够根据具体情况向客人推荐茶品，择茶而饮。

项目一　认知品茶的基本程序

【学习目标】

1. 了解茶的命名与茶的分类知识。
2. 了解品茶师应具备的条件以及在审评茶叶时应注意的事项。
3. 熟悉真假茶、真假花茶、着色茶、次品茶、劣质变质茶、新茶陈茶的鉴别知识。
4. 掌握茶叶识别的 5 个指标和品茶的基本程序。

【关键词】

观外形、闻香气、看汤色、尝滋味、察叶底。

【预习思考】

1. 作为一名品茶员应具备哪些条件？专业的品茶师在审评茶叶时应注意哪些事项？
2. 茶叶识别有哪 5 个指标？如何识别真假茶、新茶陈茶？

【实训流程】

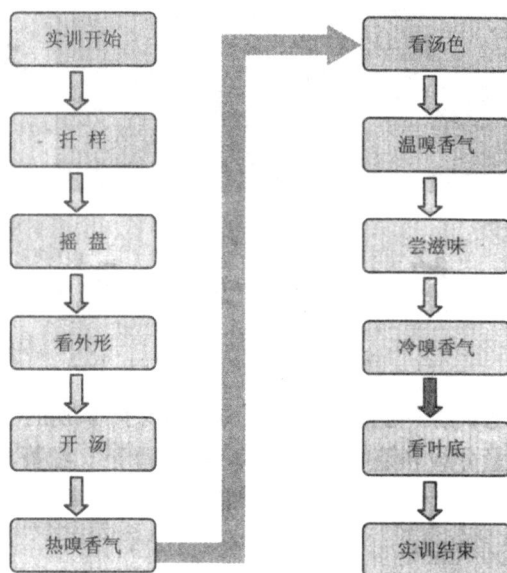

【实训时间】

实训授课 2 学时，共计 90 分钟，其中教师示范讲解 30 分钟，学员练习 50 分钟，教师点评、考核 10 分钟。

【实训器具】

品茶盘、品茶杯、品茶碗、叶底盘、天平、计时器、网匙、茶匙、汤杯、吐茶桶、开水壶、地方名茶 6 种。

【实训要求】

通过训练掌握品茶的基本程序，熟悉茶叶识别的 5 个指标。

【实训方法】

1. 教师示范讲解。
2. 学生 4 人为一组，跟做练习。

【实训步骤与操作标准】

步　骤	要　求	技　能
扦样（取样）	科学、公正、全面，并有正确性和代表性	对角线取样法、分段取样法、随机取样法、分样器取样法
摇盘	旋转平稳，上、中、下三段茶分清	运用双手做前后左右回旋转动，"筛"、"收"相结合

续表

步 骤	要 求	技 能
看外形	全面仔细，上、中、下三段茶都要看到	手法有"抓"、"削"、"簸"，分为筛选法、直观法。还有一种方法必须经过训练：在摇盘到位的前提下，用双手握住盘的两边，用力簸茶（必须一次成功），三段茶则均匀分布在茶盘中，可清楚地看到三段茶的粗细、长短、数量等情况
开汤	准确称样，注入沸水容量一致，水满至杯口	用三个指头（大拇指、食指、中指），要上中下都取到茶样，并基本做到一次扦量成功；冲水速度慢—快—慢
热嗅香气	辨别出香气正常与否和香气类型及高低	一手握杯柄，一手按杯盖头，上下轻摇几下，开盖嗅香。时间2～3秒
看汤色	碗中茶汤一致，无茶渣，沉淀物集中于碗中央	先用茶网捞出茶渣，沿碗壁打一圆圈，看汤色，再交换位置，看汤色，反复比对
温嗅香气	辨别出香气的优次	同"热嗅香气"
尝滋味	茶汤温度45～55℃，茶汤量4～5毫升，尝滋味时间3～4秒，需尝两次，吸茶汤速度要自然，速度不要太快	茶汤入口后在舌头上微微巡回滚动，吸气辨出滋味即闭嘴，由鼻孔中排出，吐出茶汤
冷嗅香气	辨别出香气持久程度或余香多少	同"热嗅香气"
看叶底	嫩度、整碎、色泽及开展的程度	把叶底倒入杯盖或叶底盘或漂盘中眼看、手摸

【综合测试】

考核评分表

班级： 姓名： 考核时间： 年 月 日

序号	测试内容	应得分	自评分	小组互评分	教师评分
1	扦样	10分			
2	摇盘	10分			
3	看外形	10分			
4	开汤	10分			
5	热嗅香气	10分			
6	看汤色	10分			
7	温嗅香气	10分			
8	尝滋味	10分			
9	冷嗅香气	10分			
10	看叶底	10分			
	合 计	100分			

【知识链接】

一、茶叶命名

中国有 21 个产茶省、市、自治区，国家和省级茶树良种近 200 个。丰富的茶树品种和劳动人民长期的生产实践，采用不同的加工工艺技术，研制出中国琳琅满目、千姿百态的茶叶花色品种。据估计，中国名茶，在六大茶类中，绿茶就有上千种，其他再加工茶类合计也在四五百种之多。其命名方法很多，大致归纳为 10 种。

1）依据产地不同命名，如祁红、闽南水仙、冻顶乌龙、安吉白茶、六堡茶等。

2）结合名川、名山、名胜命名，如西湖龙井、庐山云雾、九曲红梅、日月潭红茶等。

3）依照茶树品种的名称命名，如早白尖红茶、大红袍、铁罗汉、铁观音、凤凰水仙等。

4）用采摘时间和季节命名，如茉莉春毫、二月香茶等。

5）以加工工艺方法命名，如蒙顶黄芽、建德苞茶、焙茶等。

6）以形态不同命名，如祁门红香螺、君山银针、白毫银针、饼茶、圆茶等。

7）根据茶叶外形色泽和汤色命名，如黄金桂、沩山白毛尖、温州黄汤等。

8）依据茶叶香气、滋味特点命名，如早香乌龙茶、桂花香、黄栀香、茉莉花茶、兰花茶等。

9）以包装形式命名，如文山包种、方包茶、竹筒香茶等。

10）按得奖和销路不同命名，如金奖惠明、南路边茶等。

二、茶叶分类

茶叶可以根据多种方法来分类，如茶叶的加工工艺、产地、季节、质量级别、外形、销路等。

分类依据	茶 叶 分 类
加工工艺	因加工工艺不同，茶叶中的茶多酚氧化程度不同，品质也不同，可以分为绿茶、红茶、乌龙茶（也称青茶）、黄茶、白茶、黑茶六大类
产地	我国有 21 个省（自治区、直辖市）产茶，分为浙茶、闽茶、台茶、滇茶、赣茶、徽茶等。如普洱茶、滇红工夫茶属于滇茶；铁观音、黄金桂、肉桂等属于闽茶
产茶时令	分为春茶、夏茶、暑茶、秋茶、冬茶。春茶在清明前采摘的称为明前茶，谷雨前采摘的称为雨前茶。绿茶中以明前茶品质最好，数量少，价格最高
质量级别	一般分为特级、一级、二级、三级、四级、五级等，有的特级茶还细分为特一、特二、特三等。普洱散茶分为特级、一级、二级至十级，共 11 个级别，级别不同，品质各有差异
外形	针形茶，如安化松针；扁形茶，如龙井茶、千岛玉叶等；曲螺形茶，如碧螺春、蒙顶玉露等；片形茶，如六安瓜片等；兰花形茶，如舒城兰花、太平猴魁等；单芽形茶，如蒙顶黄芽等；直条形茶，如南京雨花茶等；曲条形茶，如婺源茗眉、径山茶等；珠形茶，如平水珠茶等

续表

分类依据	茶 叶 分 类
销路	外销茶、内销茶、边销茶和侨销茶
加工程度	分为初制茶（毛茶）、精制茶（商品茶、成品茶）、深加工茶（如速溶红茶、茶多酚提取物等）
发酵程度	分为不发酵茶（如绿茶）、轻发酵茶（如黄茶、白茶）、半发酵茶（如乌龙茶）、全发酵茶（如红茶）、后发酵茶（如普洱茶）
创制时间	分为历史名茶和现代名茶。历史名茶，如顾渚紫笋、仙人掌茶等；现代名茶，如高桥银锋、南京雨花茶等

三、专业品茶师的要求

1. 身体条件

评茶师必须身体健康，无传染病；视力要求裸视 0.5 或矫正后大于 1.0；辨色要求无色盲，能正确排列不同浓度的重铬酸钾水溶液色阶；嗅觉要求能正确嗅别不同浓度的香草、苦杏、玫瑰、茉莉、薄荷、柠檬等芳香物溶液，其灵敏度高于正常人平均值；味觉要求能正确辨别蔗糖、柠檬酸、氯化钠、奎宁、谷氨酸钠的不同浓度的水溶液，其灵敏度高于正常人平均值。

2. 专业条件

有良好的职业道德，能实事求是，秉公办事；不喝酒，不抽烟，不涂脂抹粉，不擦香；具有茶叶加工专业基础理论，有一定的茶叶加工和评茶实践经验；熟练掌握评茶技术规则，熟悉茶叶质量标准，正确运用评茶术语；了解各类茶叶的加工工艺技术和成品茶品质特征、消费者口感特点要求以及产销动态。

四、专业品茶师审评茶叶的注意事项

1）头脑冷静，集中精力，认真细致，一丝不苟。

2）在评茶前应戒烟戒酒，不吃带有刺激性的食物，如生葱、生蒜、辣椒和糖果等，否则会影响评茶时嗅觉的准确性和灵敏度。

3）在检样茶时，要将茶叶的上盘、中段、底盘和四周都检到，使样茶能有一定的代表性。检样有无代表性是准确地审评茶叶的基础。

4）在沏茶时，干茶和沸水的用量要有一定的比例。红茶、绿茶、花茶一般是 3 克干茶用 150 毫升沸水冲泡；乌龙茶是 6 克干茶用 110 毫升沸水冲泡。按这个比例泡出来的茶汤，香气较充分，滋味较浓厚，汤色较明显。

5）对泡茶用水温度和时间要掌握好，除紧压茶外，其他茶泡茶用水以 100 度（摄氏）为宜，冲泡时间以 5 分钟为好。

6）在泡茶时选择用水也很重要。因水质的不同，会直接影响到茶叶色、香、味的

变化。化验证明，以用含钙、镁化合物很少的软水冲泡为好。

7）审评茶叶的用具必须是专用的。其用具的规格大小、颜色形状、品质质量都必须一致，否则会影响茶汤色泽的准确性。

五、茶的鉴别

1. 真假茶的鉴别

茶事服务人员若想给顾客提供良好的服务，掌握一定的茶叶鉴别方法是必要的。一般说来，从正规渠道购买的茶叶基本上可以保证质量，但是我国的茶叶品种较多，目前茶叶流通渠道也很多，假茶或掺假茶的情况时有发生。选购了假茶，对顾客和茶楼都有害，如果茶楼的声誉因此而受到了影响，则悔之不及。

假茶多用类似茶树叶片的其他植物叶片，如桑树芽叶、金银花叶等，采用与茶叶一样的加工手法，或掺杂茶树鲜叶原料一同加工，做成与茶一样的外形，冒充茶叶出售。假茶特别是真中掺假的茶，辨别起来有一定难度，以下介绍一些最简便易行的感官鉴别法。

（1）干看

手抓茶叶，用鼻子闻香，有清香者即为真茶；凡有青腥气或其他香气者，为假茶。取少量茶叶，用火灼烧，二者气味更易区分。另外，可抓一把茶放在白纸中央，仔细观察，如绿茶深绿，乌龙茶青褐，红茶乌黑者，即为真茶；凡色泽枯暗，呈现绿色或青色，多有假茶之嫌。

（2）湿看

取适量有嫌叶放入碗中，用开水冲泡审评。这时除从茶的色、香、味来鉴别真假茶外，更可从叶底上做出判断。真茶叶片的边缘锯齿，上半张密而深，下半张稀而疏，近叶柄处无锯齿，假茶叶缘有锯齿或无锯齿。

2. 真假花茶的鉴别

窨花茶是真花茶，是用鲜花和茶坯在特定的环境条件下进行拼和窨制的。这种窨制方法可使茶叶充分吸收鲜花的香气，因而窨花茶的香气浓而鲜纯，闻之既有鲜花的芬芳，又有茶叶的清香。

拌花茶是用花茶窨制后失去香味的花干拌和在低级茶叶中冒充窨花茶的一种假花茶。这种假花茶只有茶叶香，而无花香，闻之便能鉴别。

喷花茶也是假花茶的一种。是以喷洒少量香精在茶叶上而冒充窨花茶。此种花茶的香气过一两个月即香气全消。用鼻闻之无天然花香，冲泡之则第一开有香，第二开就香气全消。

3. 着色茶的鉴别

不法商人为粉饰茶叶色泽上的缺点，以次充好，牟取暴利，而对茶叶进行人为的"着色"加工，称"着色茶"。

着色茶一般都为绿茶。消费者怀疑茶叶着色时，可将茶叶置一盘中反复抖动，也可取一张光洁的白纸，将茶叶放在上面摩擦，仔细察看盘中或纸上，如有剥落的着色物，即为着色茶。这时也可进一步将该茶溶于透明玻璃杯中察看，如发现汤色有异常色泽，碗底有色料沉淀时，则可进一步鉴别为着色茶。

4. 次品茶、劣质变质茶的鉴别

凡鲜叶采制技术不当或保管不善而产生的烟、焦、酸、馊、霉、油气，以及有药味、日晒味、鱼腥味，或有较多的红梗、红叶和花青素等病变茶，均可称为次品茶或劣质、变质茶。鉴别次品、劣变质茶可用下述方法。

（1）嗅焦气

茶叶嗅之有高火气、焦糖气，但经短期存放后可消失之茶为"次品茶"；而干嗅或湿嗅（冲泡后）都闻有焦气，存放后也不易消失的，则为"劣变质茶"，不能饮用。

（2）嗅霉气

茶叶有轻度霉变，嗅干茶时无茶香，对茶哈气后再嗅之则有霉气味。茶叶霉变较重，嗅干茶时即有霉气，冲泡后嗅之霉气更明显的茶，为劣质茶。茶叶霉变严重，干看茶叶外形即有显著霉变、白花明显，内质气味难闻的茶为变质茶。

（3）嗅烟气

刚嗅时略有烟气，而反复嗅之又好像无烟气，此类烟气较轻的茶为次品茶。凡泡汤后热嗅时闻有浓烈的烟气，品茶汤时也尝到烟味，且不易消失，此为劣变质茶，不能饮用。

（4）嗅日晒气

干嗅茶叶时，闻有轻度日晒气的茶为次品茶；闻有严重日晒气的茶为劣变质茶，不能饮用。

（5）嗅酸气

茶叶冲泡后嗅之略有酸馊气，待茶汤冷却后嗅之则无酸馊气，或只有馊气闻到，而无馊味品出，经复火后馊气又能消除的为次品茶；如干嗅、湿嗅、品尝茶汤滋味时均有酸馊气味出现，经补火也难消除的茶叶为劣变质茶，不能饮用。

（6）嗅油气、药物味、鱼腥味

茶叶中有轻度油气、药味、鱼腥味等异味，但经处理后异味可消除的茶叶为次品茶；如经处理后仍不能消除异味的茶为劣变质茶，不能饮用。

（7）察看茶叶中夹杂的红梗、红叶

绿茶中的红梗、红叶程度较轻，干看外形时色泽正常，冲泡后叶底有红梗但无红叶的茶为次品茶；红梗、红叶程度重，干看外形时色泽欠绿润或带花杂，湿看叶底时有明显的红梗、红叶的茶为劣变质茶，不宜饮用。

（8）察看茶叶中的花青

红茶干看时外形色泽正常，湿看叶底时略有花青的茶为次品茶；干看时外形色泽乌润或带暗青色，湿看叶底时花青叶较多的茶则为劣变质茶，不宜饮用。

5. 新茶、陈茶的鉴别

一般来说，新茶上市后仍在饮用的茶叶称为陈茶。一年以上的陈茶，不管是红茶、绿茶还是花茶，纵使保管良好，也难免有色退、味晦、香沉之感。新茶与陈茶之区分，可以从以下几方面去分辨。

（1）色泽

首先可从茶的色泽来分辨。这是因为茶在储存过程中，在水汽、阳光和空气的作用下产生氧化。例如，绿茶叶绿素分解、氧化的结果，会使色泽由翠绿变成枯暗无光；而茶褐素的增多，会使茶汤由黄绿明亮变得暗绿不清。红茶中茶多酚的氧化，使红茶色泽由乌润变成灰暗；茶褐素的增多，会使红茶汤变得混浊不清。

（2）滋味

不管是哪种茶，多数新茶滋味都清醇鲜爽，而陈茶由于在储存过程中发生各种反应，使茶中可溶于水的物质减少，而使茶汤滋味变得淡薄。

（3）香气

新茶与陈茶可以从香气上区分。据研究，构成茶的香气的化学成分有 300 多种，主要是由醇类、酯类物质组成。这些物质，既能不断挥发，又能缓慢氧化变成其他物质，这样随着时间的延续，自然会使茶的香气从高香变得低浊。

项目二　认识绿茶

【学习目标】

1. 了解绿茶的分类与加工工艺。
2. 熟悉绿茶品质的感官审评指标。
3. 掌握西湖龙井、碧螺春、信阳毛尖、黄山毛峰、太平猴魁、六安瓜片的感官审评方法。

【关键词】

西湖龙井、碧螺春、信阳毛尖、黄山毛峰、太平猴魁、六安瓜片。

【预习思考】

1. 绿茶可以分为哪几类？绿茶感官审评的指标有哪些？
2. 说出 6 种名优绿茶的品质特征。

【实训流程】

```
实训开始  ──→  品黄山毛峰
   ↓              ↓
  备具          品太平猴魁
   ↓              ↓
品西湖龙井      品六安瓜片
   ↓              ↓
 品碧螺春         收具
   ↓              ↓
品信阳毛尖 ──→  实训结束
```

【实训时间】

实训授课 2 学时，共计 90 分钟，其中教师示范讲解 10 分钟，学生品茶 70 分钟，教师点评、考核 10 分钟。

【实训器具】

长方形茶盘、无色透明玻璃杯、品茗杯、闻香杯、茶叶罐、茶荷、茶巾、茶匙、水盂、随手泡、绿茶 6 种（西湖龙井、碧螺春、信阳毛尖、黄山毛峰、太平猴魁、六安瓜片）。

【实训要求】

通过训练能够识别并比较西湖龙井、碧螺春、信阳毛尖、黄山毛峰、太平猴魁、六安瓜片 6 种绿茶的品质特征。

【实训方法】

1. 教师示范讲解。
2. 学生 4 人一组，跟做练习，一边品茶，一边将观察结果记录在考核评分表中。

【实训步骤与操作标准】

名　　称	产　　地	成品茶品质特征	图　片
西湖龙井	产于浙江省杭州西湖的狮峰、龙井、五云山、虎跑、梅家坞一带	以色翠、香郁、味醇、形美四绝著称于世，素有"国茶"之称。形似碗钉，光扁平直，色翠略黄似糙米色；内质汤色碧绿清莹，香气幽雅清高，滋味甘鲜醇和，叶底细嫩成朵	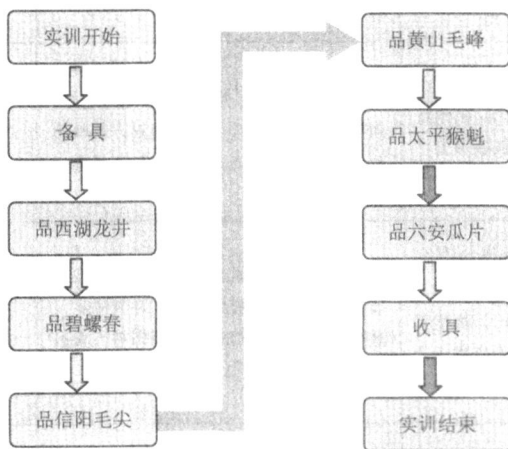

续表

名　称	产　地	成品茶品质特征	图　片
碧螺春	产于江苏省太湖中的洞庭东、西两山，以洞庭石公、建设和金庭等为主产区	碧螺春以芽嫩、工细著称。外形条索纤细，卷曲成螺，茸毫密披，银绿隐翠；内质汤色清澈明亮，嫩香明显，滋味浓郁甘醇，鲜爽生津，回味绵长，叶底嫩绿显翠	
信阳毛尖	产于河南省信阳市车云山、集云山、天云山、云雾山、震雷山、黑龙潭和白龙潭等群山峰顶上，以车云山天雾塔峰为最	外形条索细圆紧直，色泽翠绿、白毫显露；内质汤色清绿明亮，香气鲜高，滋味鲜醇，叶底芽壮、嫩绿匀整。素以"色翠、味鲜、香高"著称	
黄山毛峰	产于安徽省著名的黄山境内	外形芽叶肥壮匀齐，白毫显露，形似雀舌，色像象牙，黄绿油润，叶缘金黄；内质汤色清澈明亮，清香高爽，味鲜浓醇和，叶底匀嫩成朵匀齐活润	
太平猴魁	产于安徽省黄山市黄山区新明乡和龙门乡	外形色泽翠绿有光泽，白毫多而显露；内质汤色黄绿清澈，香气醇正，滋味醇和稍淡	
六安瓜片	产于长江以北、淮河以南的皖西大别山茶区，以安徽省六安、金寨、霍山三县所产最为著名	外形片状，叶缘微翘，形似瓜子，色泽碧绿润亮；内质汤色清绿泛黄，香气芬芳，滋味浓，回味甘美，颇耐冲泡，叶底黄绿明亮	

【综合测试】

考核评分表

班级：　　　　组员：　　　　　　　　　　　　　　　实训内容：品绿茶　　　　日期：

序号	茶叶名称	价格	外形	香气	汤色	滋味	叶底	应得分	教师评分
1	西湖龙井							20分	
2	碧螺春							20分	
3	信阳毛尖							15分	
4	黄山毛峰							15分	
5	太平猴魁							15分	
6	六安瓜片							15分	
	合　　计							100分	

【知识链接】

一、绿茶加工工艺

（1）蒸青绿茶加工工序

鲜叶→杀青（蒸青）→粗揉→中揉→精揉→烘干→成品。

（2）炒青绿茶加工工序

鲜叶→杀青（炒青）→揉捻（或不揉，在锅中造型）→烘干→成品。

（3）烘青绿茶加工工序

鲜叶→杀青（烘青）→揉捻→烘干→成品。

（4）晒青绿茶加工工序

鲜叶→杀青（晒青）→揉捻→晒干→成品。

二、绿茶的分类

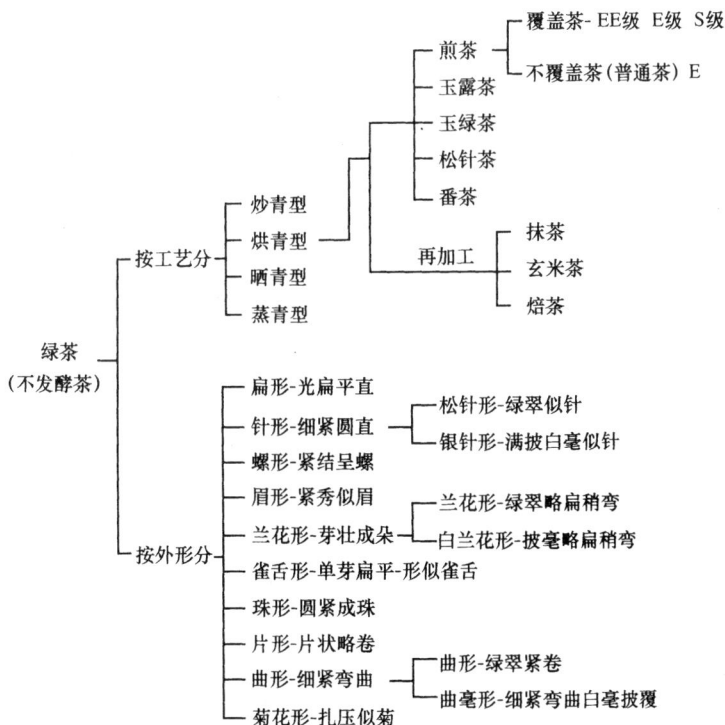

三、绿茶感官审评

绿茶感官审评项目文字描述说明

序号	项　目	说　明
1	外形分类	扁形、针形、螺形、眉形、兰花形、雀舌形、珠形、片形、曲形、菊花形
2	形态	不同类别的名茶有不同的形态，形态是指条索、颗粒的松紧程度。其中，条形以条索紧秀圆浑有锋苗、匀齐、完整为优；圆形以颗粒盘细圆完整、匀整为优；扁形以扁平、光滑、尖削、挺直、平伏、匀齐为优；螺形以条纤细、卷曲似螺、嫩匀为优；针形以细紧圆直、匀齐、完整为优
3	色泽	以翠绿、嫩绿、黄绿、深绿，鲜活、均匀一致为优
4	整碎	指形态的完整和断碎程度。以完整、匀齐、有锋苗为优
5	香气	以花香、嫩香、柔香、清香和馥郁、鲜爽、高锐、柔和为优；以烟焦味、青气、异味为劣
6	汤色	以绿艳、嫩绿、黄绿、绿黄为优；以暗、混为次
7	滋味	以鲜爽、鲜醇、鲜浓、爽口为优；以闷熟、苦涩为次
8	叶底	主要看嫩度、匀度、完整度和色泽。以芽叶细嫩或肥壮，大小、匀齐完整，色泽嫩绿、嫩黄明亮为优；瘦小、断碎，色泽黄暗、黄，有青张，红茎红叶为次

四、名优绿茶品质特征与品评要素评分表

品评要素	级别	推荐指数	品质特征	评分	评分系数
外形	甲	★★★★★	原料为一芽二叶初展到一芽二叶，外形紧细，色泽嫩绿或翠绿或深绿，光泽油润，均匀一致，洁净无杂质	90～99	20%
	乙	★★★★☆	原料为一芽二叶，外形较紧细，色泽墨绿或黄绿，较油润，尚均匀，净度较好	80～89	
	丙	★★★☆☆	嫩度稍低，外形粗松，呈暗褐色或陈灰或灰绿或偏黄，比较均匀，有碎末，显露茎梗	70～79	
汤色	甲	★★★★★	明亮	90～99	10%
	乙	★★★★☆	较明亮或黄绿明亮	80～89	
	丙	★★★☆☆	深黄或泛黄或浑浊	70～79	
香气	甲	★★★★★	香气浓郁且持久，有自然的花香	90～99	30%
	乙	★★★★☆	尚清香，有火功香	80～89	
	丙	★★★☆☆	清淡，熟闷，有老火或青气	70～79	
滋味	甲	★★★★★	醇和，鲜爽，回味甘甜	90～99	30%
	乙	★★★★☆	清爽，浓厚，尚醇厚	80～89	
	丙	★★★☆☆	浓涩，青涩	70～79	

续表

品评要素	级别	推荐指数	品 质 特 征	评分	评分系数
叶底	甲	★★★★★	细嫩多芽，嫩绿明亮，芽叶完整匀齐	90~99	10%
	乙	★★★★☆	嫩匀，绿亮，尚匀齐	80~89	
	丙	★★★☆☆	尚嫩，黄绿，欠匀齐	70~79	

项目三　认识红茶

【学习目标】

1．了解红茶的分类与加工工艺。

2．熟悉红茶品质的感官审评指标。

3．掌握祁红工夫、滇红工夫、英红工夫、宜红工夫、宁红工夫、川红工夫的感官审评方法。

【关 键 词】

祁红工夫、滇红工夫、英红工夫、宜红工夫、宁红工夫、川红工夫。

【预习思考】

1．红茶可分为哪几类？红茶的感官审评指标有哪些？

2．说出6种名优红茶的品质特征。

【实训流程】

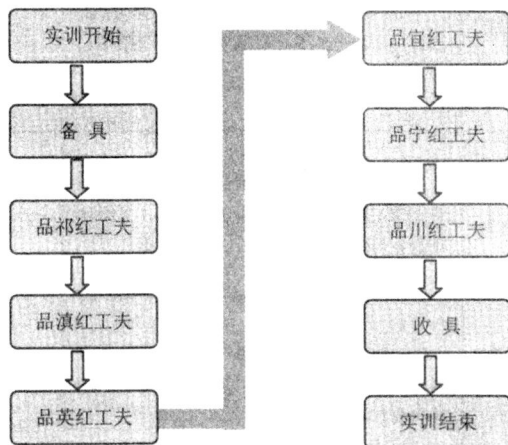

【实训时间】

实训授课 2 学时，共计 90 分钟，其中教师示范讲解 10 分钟，学生品茶 70 分钟，教师点评、考核 10 分钟。

【实训器具】

瓷壶、品茗杯、盖置、杯托、茶船、随手泡、茶则、茶匙、茶针、茶漏、茶夹、茶巾、茶叶罐、红茶 6 种（祁红工夫、滇红工夫、英红工夫、宜红工夫、宁红工夫、川红工夫）。

【实训方法】

1. 教师示范讲解。
2. 学生 4 人一组，跟做练习，一边品茶，一边将观察结果记录在考核评分表中。

【实训要求】

通过训练能够识别并比较祁红工夫、滇红工夫、英红工夫、宜红工夫、宁红工夫、川红工夫 6 种红茶的品质特征。

【实训步骤与操作标准】

名　　称	产　　地	成品茶品质特征	图　片
祁红工夫	产于安徽省祁门县	外形条索紧细秀长，略带弯曲，金黄牙毫显露，锋苗秀丽，色泽乌润；冲泡后汤色红艳润泽，叶底鲜红明亮，滋味浓醇而不涩。香气因火功不同而呈现出不同的风韵，有时带有甜香、花香或果香	
滇红工夫	产于云南省凤庆、临沧、双江、云县、昌宁、镇康等。	外形颗粒紧结，身骨重实，色泽调匀；内质冲泡后汤色红艳，金圈明显，香气馥郁，滋味鲜爽，叶底红亮	
英红工夫	位于广东英德县城东北约 20 千米，地居大庾岭的瑶山以南	外形匀净优美，身骨紧实，色泽乌润，金毫显露；内质汤色红艳，香气浓郁，尤以秋茶高香为最，滋味浓烈，叶底红明亮	
宜红工夫	产于湖北宜昌、恩施五峰、宜都、鹤峰等地	外形颗粒重实；内质汤色红艳，香味强烈鲜爽、浓厚，堪称浓强鲜皆备，色香味俱佳的优质产品	

续表

名　　称	产　　地	成品茶品质特征	图　片
宁红工夫	产于江西修水、武宁、铜鼓等地	外形条索紧结圆直，锋苗挺拔，略显红筋，色乌略红光润；内质汤色红亮，香高持久，滋味醇厚甘爽，叶底红匀	
川红工夫	产于四川宜宾、筠连、高县等地	外形肥壮圆紧，有锋苗，乌黑油润，显金毫；内质汤色红亮，香气清鲜甜醇，滋味鲜醇爽口，叶底红明匀整	

【综合测试】

考核评分表

班级：　　　　　　组员：　　　　　　　　　　　　　　　　　　　实训内容：品红茶　　　　　日期：

序号	茶叶名称	价格	外形	香气	汤色	滋味	叶底	应得分	教师评分
1	祁红工夫							20分	
2	滇红工夫							20分	
3	英红工夫							15分	
4	宜红工夫							15分	
5	宁红工夫							15分	
6	川红工夫							15分	
	合　　计							100分	

【知识链接】

一、红茶的加工工艺

（1）工夫红茶加工工序

鲜叶→萎凋（室内自然或加温或日光）→揉捻（揉成条形）→发酵（色由绿变红）→烘干（毛火、足火）→成品。

（2）小种红茶加工工序

鲜叶→日光萎凋→揉捻→发酵→过红锅→复揉→成品。

（3）红碎茶加工工序

鲜叶→萎凋→揉切（转子机或齿辊式揉切机（C.T.C）机切小颗粒）→发酵→烘干→成品。

二、红茶的分类

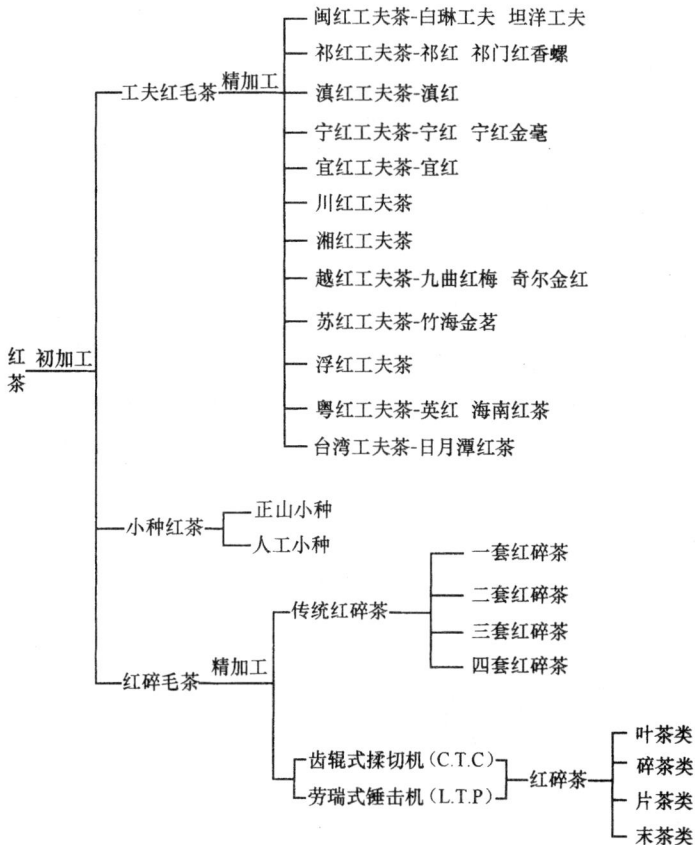

```
                              ┌─ 闽红工夫茶-白琳工夫 坦洋工夫
                              ├─ 祁红工夫茶-祁红 祁门红香螺
                              ├─ 滇红工夫茶-滇红
                              ├─ 宁红工夫茶-宁红 宁红金毫
                              ├─ 宜红工夫茶-宜红
           ┌─ 工夫红毛茶 精加工 ─┼─ 川红工夫茶
           │                  ├─ 湘红工夫茶
           │                  ├─ 越红工夫茶-九曲红梅 奇尔金红
           │                  ├─ 苏红工夫茶-竹海金茗
           │                  ├─ 浮红工夫茶
           │                  ├─ 粤红工夫茶-英红 海南红茶
           │                  └─ 台湾工夫茶-日月潭红茶
红茶 初加工 ─┤
           │              ┌─ 正山小种
           ├─ 小种红茶 ─────┤
           │              └─ 人工小种
           │                                    ┌─ 一套红碎茶
           │                                    ├─ 二套红碎茶
           │                    ┌─ 传统红碎茶 ────┤
           │                    │               ├─ 三套红碎茶
           └─ 红碎毛茶 精加工 ──┤               └─ 四套红碎茶
                                │                              ┌─ 叶茶类
                                │  ┌─ 齿辊式揉切机（C.T.C）          ├─ 碎茶类
                                └──┤                    ─ 红碎茶 ─┤
                                   └─ 劳瑞式锤击机（L.T.P）          ├─ 片茶类
                                                                 └─ 末茶类
```

三、红茶品质的感官审评

红茶品质的感官审评，分干评外形和湿评内质。品质优次和级别高低的评定，主要依靠对照标准样茶。

1. 工夫红茶

侧重外形美观匀称。外形审评条索、整碎、色泽、净度等因子。条索比长短秀钝、粗细、含毫量，紧结挺秀、有锋苗、白毫显露、身骨重实为优，反之则次。整碎比匀齐及下盘茶含量，要求上、中、下三段茶拼配比例恰当，互相衔接，不脱档，平伏匀称，下盘茶（碎茶）含量适度。色泽比润枯、匀杂，乌润、调匀为优，色泽枯灰、驳杂为次。净度比梗筋、片朴末及非茶类夹杂物含量，高级茶要求净度好，中级以下茶根据级别高低对梗筋、片朴有不同程度的限量，非茶类夹杂物均不许含有。内质评汤色、香气、滋味、叶底。汤色比深浅、明暗、清浊等。汤红色艳，碗沿有明亮金圈或有"冷后浑"（乳凝现象）是品质好的表现，红亮或红明次之，红暗或混浊者最差。香气比正常、高低、鲜醇、嫩老。滋味比浓淡、强弱、鲜爽、粗涩。工夫红茶香气以高锐、新鲜、持久为优，滋味以醇厚、鲜甜爽口为优。工夫红茶宜于清饮，强调香高味醇。

2. 小种红茶

条索以颖长松散、叶肉厚、色泽乌润为佳，细瘦灰枯为次。内质以具有柏木烟香和桂圆汤似的滋味为上品。叶底比嫩度及色泽，嫩度比叶质软硬、厚薄，色泽比红艳、暗杂，以芽叶齐整匀净、柔软厚实、色泽红亮鲜活为优。

3. 红碎茶

红碎茶审评以内质为主，外形为辅。内质以汤味浓、强、鲜为主要依据，香味评浓度、强度、鲜度几项因子。汤味浓度是指水可溶物的多少，茶汤进口后舌面有浓厚感觉为浓度高、品质好，以淡薄为次。强度比刺激性程度。强度反映红碎茶的风格类型，以有强烈刺激性为好，醇厚、平和为次。鲜度比鲜爽程度，以清新、鲜爽为好，滞钝、陈气为次。

红茶珍品，以特有的芬芳香气、细嫩而不太浓的滋味取胜；季节性的好茶以特有的清新、愉悦的香味决定质量，而不取决于浓度。香味中如有烟、焦、霉、馊或沾有异味的均属劣质茶。汤色比红、浓、亮，以碗沿有明亮浓厚的金圈为好。加奶后呈棕红、粉红或橙色为优，灰白发暗或混浊者为次。红碎茶要求颗粒重实，如 10 克碎茶的容积超过 30～32 毫升，即属轻飘的低次茶。如有 40 孔底（特别是 60 孔底）的灰末，为规格不清。色泽比鲜润枯灰、匀杂。一般早期茶和嫩质茶色泽较乌黑，后期茶和老质茶显褐色甚至棕红。茶色以鲜嫩匀润为好，灰枯花杂为次。红碎茶中的茎梗含量一般要求不严，特别是季节性好茶含有嫩茎梗并不影响质量。

四、名优红茶品质特征与品评要素评分表

品评要素	级别	推荐指数	品 质 特 征	评分	评分系数
外形	甲	★★★★★	肥硕重实，满披金黄色芽毫，色黑油润或棕褐油润显金毫，匀整，净度好	90～99	25%
	乙	★★★★☆	较细紧或紧结，稍有毫，较乌润，匀整，净度较好	80～89	
	丙	★★★☆☆	紧实或壮实，尚乌润，尚匀整，净度尚好	70～79	
汤色	甲	★★★★★	明亮红艳	90～99	10%
	乙	★★★★☆	尚明亮	80～89	
	丙	★★★☆☆	尚红欠亮	70～79	
香气	甲	★★★★★	香浓，有独特的嫩香、嫩甜香、花果香	90～99	25%
	乙	★★★★☆	香浓，有甜香	80～89	
	丙	★★★☆☆	香气淡，比较醇正	70～79	
滋味	甲	★★★★★	鲜醇或甘醇	90～99	30%
	乙	★★★★☆	醇厚	80～89	

续表

品评要素	级别	推荐指数	品 质 特 征	评分	评分系数
滋味	丙	★★★☆☆	尚醇厚	70~79	30%
叶底	甲	★★★★★	细嫩多芽或有芽，红且明亮	90~99	10%
	乙	★★★★☆	嫩软，略有芽，尚红亮	80~89	
	丙	★★★☆☆	尚嫩，多筋，尚红亮	70~79	

项目四 认识黄茶

【学习目标】

1．了解黄茶的分类与加工工艺。

2．熟悉黄茶品质的感官审评指标。

3．掌握君山银针、北港毛尖、蒙顶黄芽、温州黄汤、莫干黄芽、建德苞茶的感官审评方法。

【关 键 词】

君山银针、北港毛尖、蒙顶黄芽、温州黄汤、莫干黄芽、建德苞茶。

【预习思考】

1．黄茶可分为哪几类？黄茶的感官审评指标有哪些？

2．说出6种名优黄茶的品质特征。

【实训流程】

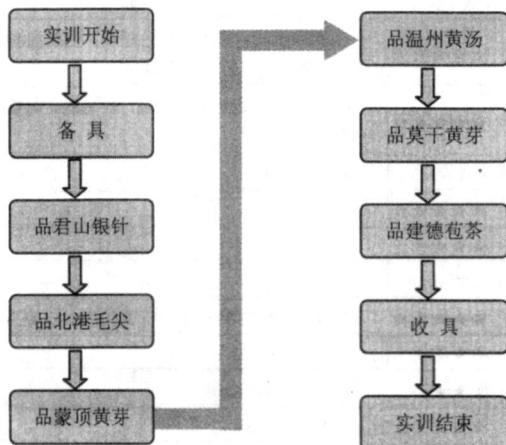

【实训时间】

实训授课 2 学时，共计 90 分钟，其中教师示范讲解 10 分钟，学员练习 70 分钟，教师点评、考核 10 分钟。

【实训器具】

长方形茶盘、无色透明玻璃杯、品茗杯、随手泡、茶荷、茶则、茶匙、茶针、茶漏、茶夹、茶巾、茶叶罐、黄茶 6 种（君山银针、北港毛尖、蒙顶黄芽、温州黄汤、莫干黄芽、建德苞茶）。

【实训要求】

通过训练能够识别与比较君山银针、北港毛尖、蒙顶黄芽、温州黄汤、莫干黄芽、建德苞茶 6 种黄茶的品质特征。

【实训方法】

1．教师示范讲解。
2．学生 4 人一组，跟做练习，一边品茶，一边将观察结果记录在考核评分表中。

【实训步骤与操作标准】

名　称	产　地	成品茶品质特征	图　片
君山银针	产于湖南省洞庭湖君山	外形芽头苗壮，紧实挺直，芽身金黄；内质汤色橙黄，香气清醇，滋味甘爽，叶底嫩亮。冲泡后芽头陆续竖立杯中，宛如春笋出土，部分芽头能上下沉浮，形成"三起三落"的景观	
北港毛尖	产于湖南省岳阳县康王乡的北港	外形呈金黄色，毫尖显露；内质汤色橙黄，香气清高，滋味醇厚，叶底芽状叶肥	
蒙顶黄芽	产于四川省蒙顶	外形扁直，芽匀整齐，鲜嫩显毫；内质汤黄而碧，香气甜香浓郁，黄绿明亮，味甘而醇，叶底嫩黄	

续表

名　称	产　地	成品茶品质特征	图　片
温州黄汤	产于浙江省平阳、瑞安、泰顺、永嘉等地	外形条索细嫩，显芽毫，色泽嫩黄有光泽；内质汤色橙黄或金黄，香气清高幽远，滋味醇和鲜爽，叶底芽叶成朵	
莫干黄芽	产于浙江省德清县西北部	外形细嫩，芽壮毫显，色泽嫩黄油润；内质汤色嫩黄，芳香幽雅，滋味鲜爽，叶底明亮成朵	
建德苞茶	产于浙江省建德市梅城附近的山岭中及三都的深山峡谷内	外形芽叶成朵，茶芽满披茸毫，并带金黄鱼片和红蒂头，色泽黄绿；内质冲泡杯中，叶柄朝下，芽头朝上，浮沉杯中犹如天女散花。汤色橙黄，香气清幽，滋味鲜醇，叶底嫩匀成朵	

【综合测试】

考核评分表

班级：　　　　　组员：　　　　　　　　　　　　　　　实训内容：品黄茶　　日期：

序号	茶叶名称	价格	外形	香气	汤色	滋味	叶底	应得分	教师评分
1	君山银针							20分	
2	北港毛尖							20分	
3	蒙顶黄芽							15分	
4	温州黄汤							15分	
5	莫干黄芽							15分	
6	建德苞茶							15分	
	合　计							100分	

【知识链接】

一、黄茶加工工艺

（1）湿坯闷黄加工工序

鲜叶→杀青→初烘→摊放→初色（闷黄）→复烘→摊放→复色（闷黄）→干燥→熏烟→成品。

（2）干坯闷黄加工工序

鲜叶→杀青→揉捻→初烘→堆积（闷黄）→烘坯→熏烟→成品。

二、黄茶分类

```
                                    (杀青后闷) 蒙顶黄芽
              嫩芽  黄芽茶  精加工  (揉捻后闷) 海马宫茶  奇尔银剑  莫干黄芽
                                    (干燥中闷) 君山银针  霍山黄芽

                                    (杀青后闷) 沩山毛尖  建德苞茶  台湾黄茶  远安鹿苑
黄   初加工  嫩芽叶  黄小茶  精加工  (揉捻后闷) 北港毛尖  平阳黄汤  温州黄汤  泰顺黄汤
茶                                  (干燥中闷) 崇安莲心

              粗大茶叶  黄大茶  精加工  霍山黄芽  皖西黄大茶  广东黄大茶
                       (干燥中闷)
```

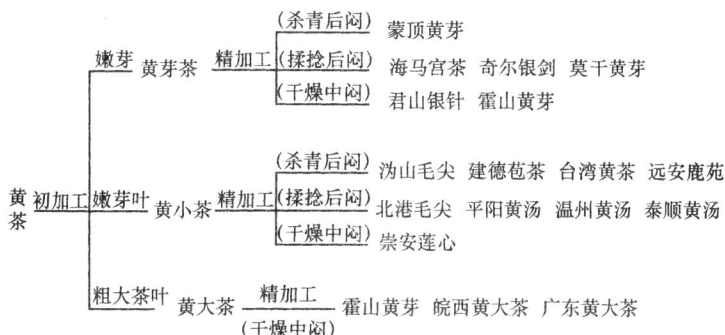

三、黄茶的审评

黄茶的主要特点是色黄、汤黄、叶底黄，香味清悦醇和。

黄茶因品种和加工工艺不同，形状有明显差别。例如，君山银针以形似针、芽头肥壮、满披白毫者为佳，芽瘦扁、毫少者为差；蒙顶黄芽以条扁直、芽壮多毫为上，条弯曲、芽瘦毫少为差；鹿苑茶以条索紧结卷曲呈环形、显毫为佳，条松直、不显毫的为差；黄大茶以叶肥厚成条、梗长壮、梗叶相连为好，叶片状、梗细短、梗叶分离或梗断叶破为差。评色泽比黄色的枯润、暗鲜等，以金黄色鲜润为优，色枯暗为差。评净度比梗、片、末及非茶类夹杂物含量。评内质，汤色以汤黄明亮为优，黄暗或黄浊为次。香气以清悦为优，有闷浊气为差。滋味以醇和鲜爽、回甘、收敛性弱为好；苦、涩、淡、闷为次。叶底以芽叶肥壮、匀整、黄色鲜亮为好，芽叶瘦薄黄暗为次。

四、名优黄茶品质特征与品评要素评分表

品评要素	级别	推荐指数	品 质 特 征	评分	评分系数
外形	甲	★★★★★	细嫩，色泽嫩黄或金黄，润亮，匀整，净度好	90～99	25%
	乙	★★★★☆	较细嫩，造型有特色，色泽褐黄或绿带黄，较油润，尚匀整，净度较好	80～89	
	丙	★★★☆☆	嫩度较低，造型特色不明显，色泽暗褐或深黄，欠匀整，净度较好	70～79	
汤色	甲	★★★★★	有杏黄、橙黄、黄绿、嫩黄，但明亮清澈	90～99	10%
	乙	★★★★☆	尚杏黄明亮或黄绿明亮	80～89	
	丙	★★★☆☆	深黄或绿黄，欠亮，或浑浊	70～79	
香气	甲	★★★★★	醇正，毫香鲜嫩，有甜香	90～99	25%
	乙	★★★★☆	香气高爽	80～89	
	丙	★★★☆☆	尚醇，熟闷，老火	70～79	

续表

品评要素	级别	推荐指数	品 质 特 征	评分	评分系数
滋味	甲	★★★★★	鲜爽，浓醇回甘	90～99	30%
	乙	★★★★☆	浓厚或尚醇厚，较爽	80～89	
	丙	★★★☆☆	尚醇，浓涩	70～79	
叶底	甲	★★★★★	细嫩多芽，嫩黄匀整明亮	90～99	10%
	乙	★★★★☆	嫩匀，黄明亮，尚匀整	80～89	
	丙	★★★☆☆	尚嫩，黄尚明，欠匀齐	70～79	

项目五　认　识　白　茶

【学习目标】

　　1. 了解白茶的分类与加工工艺。

　　2. 熟悉白茶品质的感官审评指标。

　　3. 掌握白毫银针、白牡丹、寿眉、福建雪芽、贡眉、新工艺白茶的感官审评方法。

【关　键　词】

　　白毫银针、白牡丹、寿眉、福建雪芽、贡眉、新工艺白茶。

【预习思考】

　　1. 白茶可分为哪几类？白茶的感官审评指标有哪些？

　　2. 说出6种名优白茶的品质特征。

【实训流程】

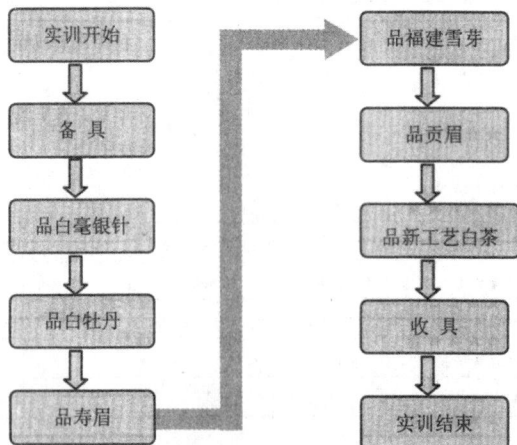

【实训时间】

实训授课 2 学时，共计 90 分钟，其中教师示范讲解 10 分钟，学员练习 70 分钟，教师点评、考核 10 分钟。

【实训器具】

长方形茶盘、无色透明玻璃杯、品茗杯、随手泡、茶荷、茶则、茶匙、茶针、茶漏、茶夹、茶巾、茶叶罐、白茶 6 种（白毫银针、白牡丹、寿眉、福建雪芽、贡眉、新工艺白茶）。

【实训要求】

通过训练能够识别白毫银针、白牡丹、寿眉、福建雪芽、贡眉、新工艺白茶 6 种白茶的品质特征。

【实训方法】

1．教师示范讲解。
2．学生 4 人一组，跟做练习，一边品茶，一边将观察结果记录在考核评分表中。

【实训步骤与操作标准】

名　称	产　地	成品茶品质特征	图　片
白毫银针	产于福建省福鼎与政和县	外形芽针肥壮，满披白毫；内质汤色清澈晶亮，呈浅杏黄色，香气清鲜，毫香显露，滋味鲜爽微甜，叶底银白，芽针完整。以透明玻璃杯品饮，用上投法泡，初为"银霜满地"，后茶芽吸水，沉浮错落有致，条条挺立，上下交错，望之如石乳，蔚为奇观	
白牡丹	产于福建省政和、建阳、福鼎等县市	外形叶态自然，叶色面绿背白，有"青天白地"之称，叶脉微红，夹于绿叶、白毫之中，又有"红装素裹"之誉；内质汤色清纯，毫香明显，滋味甜醇，叶底成朵匀齐	
寿眉	产于福建省福鼎市与政和县	外形毫心多而肥壮，叶张幼嫩，芽叶连枝，叶态紧卷如眉，匀整，破张少；色泽灰绿或墨绿，色泽调和，洁净，无老梗、枳及腊叶。香气鲜爽，汤色浅橙黄，清澈，滋味清甜醇爽，叶底叶色黄绿，叶质柔软匀亮	

续表

名　称	产　地	成品茶品质特征	图　片
福建雪芽	产于福建省福安县	外形芽多，枝状，自然开展，肥壮披毫，色银白带绿；内质汤色黄绿明亮，香高醇正，滋味鲜醇，叶底嫩匀、黄绿明亮	
贡眉	产于福建省建阳市	毫心明显，茸毫色白且多，干茶色泽翠绿，冲泡后汤色呈橙色或深黄色，叶底匀整、柔软、鲜亮，叶片迎光看去，可透视出主脉的红色，品饮时感觉滋味醇爽，香气鲜醇	
新工艺白茶	产于福建省福鼎市及周边地区	外形条索卷曲，较粗松，匀整洁净有嫩梗，褐绿色；内质汤色橙红，清香味浓，叶底匀整舒展	

【综合测试】

考核评分表

班级：　　　　组员：　　　　　　　　　　　　实训内容：品白茶　　　日期：

序号	茶叶名称	价格	外形	香气	汤色	滋味	叶底	应得分	教师评分
1	白毫银针							20分	
2	白牡丹							20分	
3	寿眉							20分	
4	福建雪芽							20分	
5	贡眉							10分	
6	新工艺白茶							10分	
	合　计							100分	

【知识链接】

一、白茶加工工序

鲜叶→萎凋→干燥→成品。

二、白茶分类

```
        ┌ 太白茶 ─── 精加工 ┬ 芽茶 ── 白毫银针　福建雪芽
白茶 ─── 水仙      │        └ 叶茶　白牡丹　贡眉　寿眉　水仙白
        └ 小白茶 ─── 叶茶
```

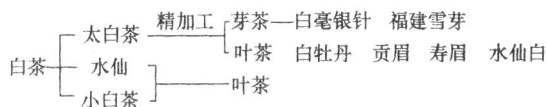

三、白茶的审评

白茶的主要特点是身披白毫，汤色浅黄，味清爽口，属于轻微发酵茶。白茶中最著名的是福建的白毫银针。福建政和及建阳的白牡丹，属于叶状白茶。漓江春白茶用单芽及一芽一叶制成，产于广西。仙台大白也是白茶的一种，产于江西。

审评白茶，外形主要评嫩度、色泽、形状和净度，内质主要评汤色、香气、滋味、叶底。

评嫩度，白毫银针看芽头的肥瘦，白牡丹等则看毫心肥瘦、毫心含量以及叶质厚薄，毫心肥壮、含量多、叶质肥软者为佳。

评色泽，毫心银白光润，叶面灰绿，叶背银白，谓之银芽绿叶，白底绿面，此为上品。

评形状，芽叶连枝、叶尖上翘者为佳；叶片摊开、褶皱、弯曲、蜷缩者差。

评净度要求不含老梗、黄片及其他夹杂物。

内质评香气，以毫香清鲜、高长为佳；滋味鲜爽、醇厚回甜者为上，粗涩淡薄者为下；汤色杏黄、淡黄、清澈明亮者为佳，红暗、浑浊者为差；叶底灰绿、肥嫩、匀整为好，暗杂、花红、黄张等为下。

四、名优白茶品质特征与品评要素评分表

品评要素	级别	推荐指数	品 质 特 征	评分	评分系数
外形	甲	★★★★★	以单芽到一芽二叶初展为原料，芽毫肥壮完整，较有特色，造型美观，满身披毫，匀整，净度好	90～99	25%
	乙	★★★★☆	以单芽到 芽二叶初展为原料，芽较瘦小，较有特色，白毫显，尚匀整，净度好	80～89	
	丙	★★★☆☆	嫩度较低，造型特色不明显，色泽暗褐或灰绿，较匀整，净度较好	70～79	
汤色	甲	★★★★★	浅白明亮或黄绿清澈	90～99	10%
	乙	★★★★☆	尚绿黄清澈	80～89	
	丙	★★★☆☆	深黄或泛红或浑浊	70～79	
香气	甲	★★★★★	嫩香，毫香清鲜	90～99	25%
	乙	★★★★☆	清香，尚有毫香	80～89	
	丙	★★★☆☆	尚醇，或有酵气或青气	70～79	
滋味	甲	★★★★★	鲜爽醇厚，清淡回甘	90～99	30%
	乙	★★★★☆	醇厚，较鲜爽	80～89	
	丙	★★★☆☆	尚醇，稍浓涩，青涩	70～79	

续表

品评要素	级别	推荐指数	品 质 特 征	评分	评分系数
叶底	甲	★★★★★	嫩芽软嫩，灰绿明亮，软嫩匀齐	90～99	10%
	乙	★★★★☆	尚软嫩，尚绿明亮，尚匀齐	80～89	
	丙	★★★☆☆	尚嫩，黄绿有红叶，欠匀齐	70～79	

项目六　认识青茶（乌龙茶）

【学习目标】

1. 了解青茶的分类与加工工艺。
2. 熟悉青茶品质的感官审评指标。
3. 掌握大红袍、铁罗汉、桂花香单丛、通天香单丛、冻顶乌龙、安溪铁观音的感官审评方法。

【关 键 词】

大红袍、铁罗汉、桂花香单丛、通天香单丛、冻顶乌龙、安溪铁观音。

【预习思考】

1. 青茶可分为哪几类？青茶的感官审评指标有哪些？
2. 说出 6 种名优青茶的品质特征。

【实训流程】

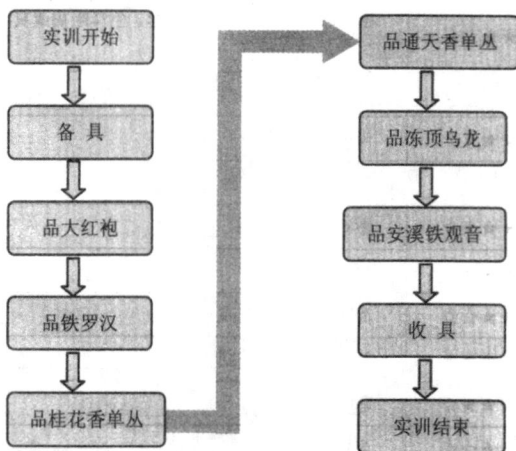

【实训时间】

实训授课 2 学时，共计 90 分钟，其中教师示范讲解 10 分钟，学员练习 70 分钟，教师点评、考核 10 分钟。

【实训器具】

茶船、紫砂壶、茶海、品茗杯、闻香杯、茶叶罐、盖置、杯托、茶则、茶匙、茶针、茶漏、茶夹、茶巾、青茶 6 种（大红袍、铁罗汉、桂花香单丛、通天香单丛、冻顶乌龙、安溪铁观音）。

【实训要求】

通过训练能够识别大红袍、铁罗汉、桂花香单丛、通天香单丛、冻顶乌龙、安溪铁观音 6 种青茶的品质特征。

【实训方法】

1. 教师示范讲解。
2. 学生 4 人一组，跟做练习，一边品茶，一边将观察结果记录在考核评分表中。

【实训步骤与操作标准】

名　称	产　地	成品茶品质特征	图　片
大红袍	产于福建的武夷山风景区内	外形条索紧实，色泽绿褐油润；内质汤色红黄明亮，香气馥郁似桂花香，岩韵显露，香味独特，滋味醇厚回甘，耐冲泡	
铁罗汉	产于武夷山慧苑岩和三仰峰下的竹窠岩	外形条索紧结，色泽褐润；内质汤色红黄明亮，香气馥郁悠长，岩韵突出，滋味醇厚回甘，耐冲泡	
桂花香单丛	产于广东潮安县凤凰镇	外形条索紧直匀齐，色泽乌润微带黄褐；内质汤色橙黄明亮，香气清高浓郁甜长，具有天然桂花香，滋味醇厚甘滑，耐冲泡，山韵风格突出	

续表

名　　称	产　　地	成品茶品质特征	图　片
通天香单丛	产于广东潮州市	外形条索紧直，鳝鱼色；内质汤色金黄明亮，香气清高，具有自然的姜花香味，滋味醇爽、耐泡	
冻顶乌龙	产于台湾省南投县鹿谷乡冻顶山麓一带	外形条索半球形而紧结整齐，色泽新鲜墨绿；内质汤色金黄澄清明丽，香气清香扑鼻，滋味圆滑醇厚，入喉甘润，韵味无穷	
安溪铁观音	产于福建安溪西坪、饶阳乡	外形卷曲呈螺旋形，肥壮圆结，沉重匀整，色泽砂绿油润，具蜻蜓头、螺旋体、青蛙腿、砂绿带白霜，青腹绿底俗称"香蕉色"的特征；内质汤色金黄，浓艳清澈，泡饮时香气馥郁芬芳，高锐持久，有天然的兰花香，滋味浓厚甘鲜，凹味悠长，有"香、清、甘、活"的品质特征，有"七泡有余香"之誉，俗称"观音韵"，叶底肥厚明亮，呈绸面光泽，边缘下垂，红边显	

【综合测试】

考核评分表

班级：　　　　组员：　　　　　　　　　　　　实训内容：品青茶　　　日期：

序号	茶叶名称	价格	外形	香气	汤色	滋味	叶底	应得分	教师评分
1	大红袍							20分	
2	铁罗汉							20分	
3	桂花香单丛							15分	
4	通天香单丛							15分	
5	冻顶乌龙							15分	
6	安溪铁观音							15分	
	合　　计							100分	

【知识链接】

一、青茶加工工序

鲜叶→凉青→摇青→杀青→揉捻→烘焙和包糅→干燥→成品。

二、青茶（乌龙茶）的分类

```
                                          四大名丛—大红袍 铁罗汉 白鸡冠
                                          水金龟
                            武夷岩茶———武夷水仙
                                          武夷奇种
                武夷岩茶
           闽北乌龙茶        武夷肉桂
                       闽北水仙—崇安水仙 建瓯水仙 水吉水仙
                                   崇安乌龙 建瓯乌龙
                       闽北乌龙茶   八角亭龙须茶
   福建乌龙茶                       白毛猴—政和白毛猴 福鼎白毛猴

                       安溪铁观音 安溪乌龙茶 黄金桂 永春佛手
           闽南乌龙茶
                       安溪色种—水仙 奇兰 梅占 乌龙 黄棪 本山 毛蟹

青                      凤凰水仙
茶        广东乌龙茶     凤凰单丛—桂花香 黄栀香 通天香 霸王香 芝兰香 蜜兰香 玉兰香 肉桂香
（                      岭头单丛
乌
龙                      包种茶—冻顶乌龙茶 文山包种茶 松柏长青茶 高山乌龙茶
茶                      阿里山珠露茶 青山茶 长安茶 明德茶
）        台湾乌龙茶     铁观音—木栅铁观音 石门铁观音

                       白毫乌龙茶 — 椪风乌龙茶（东方美人茶） 香槟乌龙茶 福寿茶
                       六龟茶

          其他乌龙茶     浙江雯山乌龙茶 浙江早香乌龙茶
                       四川正大高山乌龙茶
```

三、青茶（乌龙茶）品质

青茶（乌龙茶）总的品质特点是色泽青褐、汤色橙黄、滋味醇厚（或滋味鲜爽）、香气馥郁（或高香浓郁），冲泡后叶底呈"绿叶红镶边"，属半发酵茶类。其中，属轻度发酵的乌龙茶如文山包种；属中度发酵的乌龙茶如铁观音；属重度发酵的乌龙茶如白毫乌龙等。

青茶（乌龙茶）的外形主要评其形状（风格）、色泽、嫩度与品种特征。

闽南乌龙茶的主产地是安溪，外形特征是半球形颗粒状，条索卷曲，肥壮圆结，呈卷曲形。闽北乌龙茶的主产地是武夷山，外形主要特征是条索状。广东乌龙茶主产地是潮州，如凤凰单枞（通天香单丛），外形特征为条索状。台湾最著名的冻顶乌龙茶产地是南投县，其外形特征是半球形颗粒状。

内质审评：采用倒钟形的乌龙茶专用杯碗（如福建乌龙茶审评的评茶杯碗之规格为110毫升），准确称取5克茶样，按1：22的比例冲泡沸水，静置2分钟后带汤闻香气；然后，将茶汤倒出，看汤色，品滋味；接着再续水，冲泡3分钟，按前述操作；接着又再续水，冲泡5分钟后，仍按前述操作。通过三次冲泡，综合评定香气、汤色和滋味。乌龙茶湿评以第二次为主要依据。

不同类型乌龙茶的品质审评要点有所不同。条索状乌龙茶，外形粗松，一般不讲究外形的细紧程度，审评要点在内质，特别是香气的高低和持久，所谓"七泡有余香"是优质的特征。武夷岩茶讲究"岩韵"，当然，这种岩韵有经验的评茶师才能辨别，初学者要慢慢入门。半颗粒形与颗粒形乌龙茶，多数属轻度和中度发酵的乌龙茶，既要讲究外形的紧结程度、色泽青褐鲜活程度，同时更讲究香气的清高、花香的明显程度。优质茶应香气高长，花香突出。重发酵的乌龙茶如台湾的白毫乌龙，其中著名的称"东方美人"，外形要求白毫显露，条索细嫩，开汤品尝有蜜糖香味。

四、名优青茶品质特征与品评要素评分表

品评要素	级别	推荐指数	品 质 特 征	评分	评分系数
外形	甲	★★★★★	壮结重实，色泽砂绿乌润，匀整，净度比较好	90～99	20%
	乙	★★★★☆	较重实，色泽尚乌润，较匀整，净度尚好	80～89	
	丙	★★★☆☆	条索粗松，带有簧片，色泽乌褐或枯红欠润，欠匀整，净度较差	70～79	
汤色	甲	★★★★★	色度因加工工艺而定，有金黄或橙黄，清澈明亮	90～99	10%
	乙	★★★★☆	色度因加工工艺而定，较为明亮	80～89	
	丙	★★★☆☆	色度因加工工艺而定，泛青色或红暗，沉淀物较多，欠亮	70～79	
香气	甲	★★★★★	有明显的地域香、花香，花果香浓郁，香气优雅纯醇	90～99	30%
	乙	★★★★☆	有花香或花果香，但浓郁与纯醇性稍次些	80～89	
	丙	★★★☆☆	花香或花果香不明显，略带点粗气或老火香	70～79	
滋味	甲	★★★★★	浓厚甘醇	90～99	30%
	乙	★★★★☆	浓醇较爽	80～89	
	丙	★★★☆☆	滋味淡薄，略有粗糙感	70～79	
叶底	甲	★★★★★	做青好，叶质肥厚软亮	90～99	10%
	乙	★★★★☆	做青较好，叶质较软亮	80～89	
	丙	★★★☆☆	稍硬，青暗，做青一般	70～79	

项目七 认识黑茶

【学习目标】

1. 了解黑茶的分类与加工工艺。
2. 熟悉黑茶品质的感官审评指标。
3. 掌握云南沱茶、七子饼茶、紧茶、普洱方茶、六堡茶、湖南安化黑茶的感官审评方法。

【关 键 词】

云南沱茶、七子饼茶、紧茶、普洱方茶、六堡茶、安化黑茶。

【预习思考】

1. 黑茶可分为哪几类? 黑茶的感官审评指标有哪些?
2. 说出6种名优黑茶的品质特征。

【实训流程】

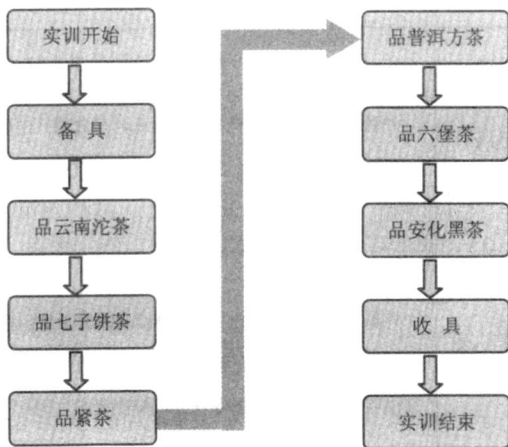

【实训时间】

实训授课2学时,共计90分钟,其中教师示范讲解10分钟,学员练习70分钟,教师点评、考核10分钟。

【实训器具】

紫砂壶、白瓷盖碗、公道杯、滤网、品茗杯、茶叶罐、茶荷、茶则、茶匙、茶针、茶漏、茶夹、茶巾、压制茶及黑茶共6种（云南沱茶、饼茶、紧茶、普洱方茶、六堡茶、安化黑茶）。

【实训要求】

通过训练能够识别云南沱茶、饼茶、紧茶、普洱方茶、六堡茶、安化黑茶6种成品茶的品质特征。

【实训方法】

1．教师示范讲解。
2．学生4人一组，跟做练习，一边品茶，一边将观察结果记录在考核评分表中。

【实训步骤与操作标准】

名　称	产　地	成品茶品质特征	图　片
云南沱茶	沱茶原产云南景谷县，又称"谷茶"	外形碗臼状，紧实、光滑，色泽乌润，白毫显；内质汤色橙黄明亮，香气醇浓馥郁，滋味浓厚，喉味回甘，叶底嫩匀尚亮	
七子饼茶	产于云南省下关	外形端正，切口平整，色泽尚乌，有白毫；内质汤色橙黄，香气醇和，滋味醇正，叶底尚嫩、欠匀	
紧茶	产于云南省紧东、紧谷、勐海和下关等地	外形长方形小砖块（或心脏形），表面紧实、厚薄均匀，砖形端正，色泽尚乌有白毫；内质汤色橙红尚明，香气醇正，滋味浓厚，叶底尚嫩欠匀	
普洱方茶	产于云南省西双版纳勐海茶厂和昆明茶厂	外形平整，色泽乌润，白毫显露；内质汤色黄明亮，香气醇浓，滋味浓厚，叶底嫩匀尚亮	

续表

名 称	产 地	成品茶品质特征	图 片
六堡茶	产于广西梧州苍梧县六堡乡	外形条索紧结，黑褐色油润，汤色红浓明亮，香气醇陈，有槟榔香味为佳，叶底黑褐色，细嫩柔软，明亮	
安化黑茶	产于湖南省安化县	外形条索卷折成泥鳅状，砖面端正完整、棱角分明，散茶条索均匀，色泽黑中带褐色，汤色橙黄明亮，陈年安化黑茶颜色偏棕红色；滋味浓厚略带色，香气醇厚，隐带松烟香	

【综合测试】

考核评分表

班级： 组员： 实训内容：品黑茶 日期：

序号	茶叶名称	价格	外形	香气	汤色	滋味	叶底	应得分	教师评分
1	云南沱茶							20分	
2	七子饼茶							20分	
3	紧茶							15分	
4	普洱方茶							15分	
5	六堡茶							15分	
6	安化黑茶							15分	
	合 计							100分	

【知识链接】

一、黑茶与压制茶加工工序

1. 黑茶加工工序

鲜叶→杀青→揉捻→渥堆→复揉→干燥→成品。

2. 压制茶加工工序

称茶→蒸茶→装匣→预压→紧压→冷却定型→退匣→干燥→成品。

二、黑茶的分类

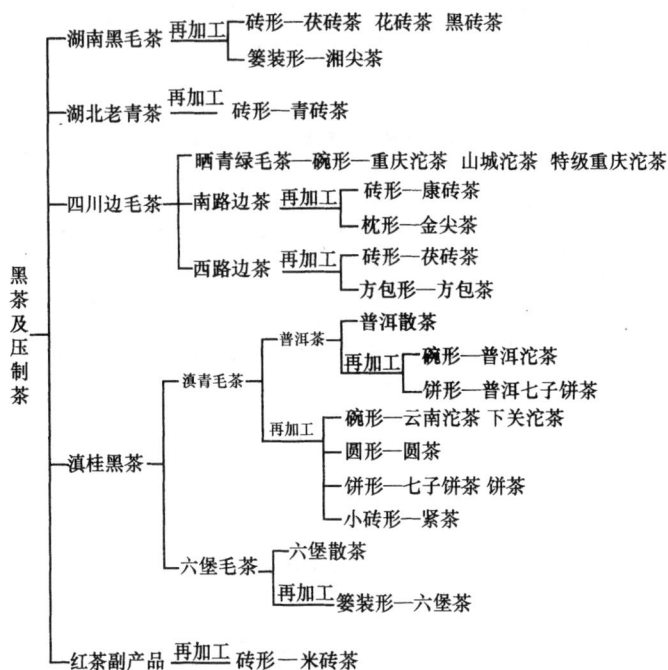

- 黑茶及压制茶
  - 湖南黑毛茶 —再加工—
    - 砖形—茯砖茶 花砖茶 黑砖茶
    - 篓装形—湘尖茶
  - 湖北老青茶 —再加工— 砖形—青砖茶
  - 四川边毛茶
    - 晒青绿毛茶—碗形—重庆沱茶 山城沱茶 特级重庆沱茶
    - 南路边茶 —再加工—
      - 砖形—康砖茶
      - 枕形—金尖茶
    - 西路边茶 —再加工—
      - 砖形—茯砖茶
      - 方包形—方包茶
  - 滇桂黑茶
    - 滇青毛茶
      - 普洱茶
        - 普洱散茶
        - 再加工— 碗形—普洱沱茶 / 饼形—普洱七子饼茶
      - 再加工—
        - 碗形—云南沱茶 下关沱茶
        - 圆形—圆茶
        - 饼形—七子饼茶 饼茶
        - 小砖形—紧茶
    - 六堡毛茶
      - 六堡散茶
      - 再加工— 篓装形—六堡茶
  - 红茶副产品 —再加工— 砖形—米砖茶

三、黑茶的品质

制黑茶的鲜叶多为一芽四叶到一芽六叶，有一定的老梗叶。黑茶的审评与绿茶相同，外形以评嫩度、条索为主，兼评净度、色泽和干香。嫩度评比叶质的老嫩，叶尖的多少，条索评比松紧、弯直、圆扁、轻重，以条索紧卷、圆直为上，松扁、轻飘为次。净度看黄梗、浮叶和其他夹杂物的含量。色泽看颜色枯润、纯紧，以油黑为好，花杂、铁板色为差。嗅干香以区别醇正、高低，有无火候香和扑鼻的松烟香味，以有火候香和松烟香为好；火候不足，烟气太重为次；粗老气、香低和日晒气为差；有烂、馊、酸、霉、焦等异气为劣。内质评比香气、滋味、汤色和叶底。香气以松烟香浓厚为佳，如有日晒、馊、酸、霉、焦等气味，程度高为差或劣。汤色以橙黄明亮为好，粗、淡、苦、涩为差。叶底评嫩度与色泽，以黄褐带青，色一致，叶张开展，无乌暗条为好，色红绿花杂为差。

四、名优黑茶品质特征与品评要素评分表

品评要素	级别	推荐指数	品 质 特 征	评分	评分系数
外形	甲	★★★★★	壮实或肥硕，显毫，色泽黑色油润，匀整，净度好	90～99	20%
	乙	★★★★☆	较紧结，有毫，色泽匀润，较匀整，净度较好	80～89	

品评要素	级别	推荐指数	品 质 特 征	评分	评分系数
外形	丙	★★★☆☆	壮实或紧结或粗实，尚匀整，净度尚好	70～79	20%
汤色	甲	★★★★★	根据后发酵的程度，有红浓、橙红、橙黄色，汤色明亮	90～99	15%
	乙	★★★★☆	根据后发酵的程度，有红浓、橙红、橙黄色，尚明亮	80～89	
	丙	★★★☆☆	红浓或深黄或黄绿，欠亮或浑浊	70～79	
香气	甲	★★★★★	香气醇正，有松烟味	90～99	25%
	乙	★★★★☆	香气较高尚醇正，无杂气味	80～89	
	丙	★★★☆☆	香气平淡，稍带焦香味	70～79	
滋味	甲	★★★★★	醇厚，回味甘爽	90～99	30%
	乙	★★★★☆	较醇厚	80～89	
	丙	★★★☆☆	尚醇，微涩	70～79	
叶底	甲	★★★★★	嫩软多芽，黄褐明亮，匀齐	90～99	10%
	乙	★★★★☆	尚嫩匀略有芽，明亮，尚匀齐	80～89	
	丙	★★★☆☆	尚柔软，尚明亮，欠匀齐	70～79	

项目八　认 识 花 茶

【学习目标】

1. 了解花茶的分类与加工工艺。
2. 熟悉花茶品质的感官审评指标。
3. 掌握茉莉狗牯脑、茉莉双龙银针、桂花茶、桂花龙井茶、金银花茶、玫瑰花茶的感官审评方法。

【关 键 词】

茉莉狗牯脑、茉莉双龙银针、桂花茶、桂花龙井茶、金银花茶、玫瑰花茶。

【预习思考】

1. 花茶可分为哪几类？花茶的感官审评指标有哪些？
2. 说出6种名优花茶的品质特征。

【实训流程】

```
实训开始  ───────────────────▶  品桂花龙井茶
   │                                │
   ▼                                ▼
  备 具                            品金银花茶
   │                                │
   ▼                                ▼
品茉莉狗牯脑                        品玫瑰花茶
   │                                │
   ▼                                ▼
品茉莉双龙银针                       收 具
   │                                │
   ▼                                ▼
 品桂花茶  ───────────────────▶   实训结束
```

【实训时间】

实训授课 2 学时，共计 90 分钟，其中教师示范讲解 30 分钟，学员练习 50 分钟，教师点评、考核 10 分钟。

【实训器具】

盖碗、茶船、品茗杯、随手泡、茶叶罐、茶荷、茶巾、茶匙、茶夹、茶则、花茶 6 种（茉莉狗牯脑、茉莉双龙银针、桂花茶、桂花龙井茶、金银花茶、玫瑰花茶）。

【实训要求】

通过训练能够识别茉莉狗牯脑、茉莉双龙银针、桂花茶、桂花龙井茶、金银花茶、玫瑰花茶 6 种成品茶的品质特征。

【实训方法】

1. 教师示范讲解。
2. 学生 4 人一组，跟做练习，一边品茶，一边将观察结果记录在考核评分表中。

【实训步骤与操作标准】

名　称	产　地	成品茶品质特征	图　片
茉莉狗牯脑	产于江西省南昌	外形细嫩匀净；内质汤色黄亮，花香鲜灵持久，滋味醇厚，饮后齿颊留香，余味无穷，为花中珍品	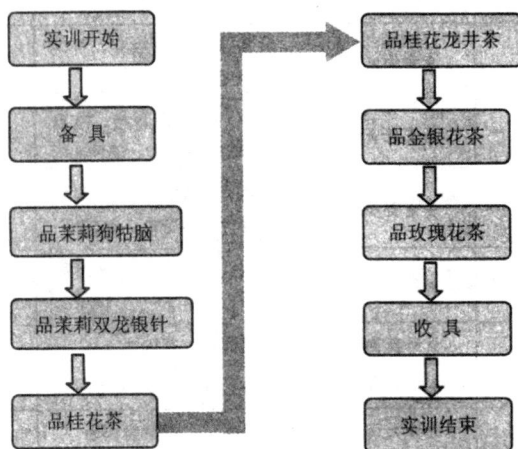

名 称	产 地	成品茶品质特征	图 片
茉莉双龙银针	产于浙江省金华	外形条索紧细如针，匀齐挺直，满披银色白毫；内质汤色清澈明亮，香气鲜灵浓厚	
桂花茶	产于湖北省咸宁县	以一级为例，外形紧细有毫，条索匀整，色深绿尚润；内质香气鲜灵浓醇，滋味鲜爽，汤色绿黄清亮，叶底绿黄明亮细嫩柔软	
桂花龙井茶	产于浙江杭州	外形扁平挺直，色泽翠绿光润，花如叶里藏金，色泽金黄；内质汤色绿黄明亮，香气清香持久，滋味醇香适口，叶底嫩黄明亮	
金银花茶	产于浙江温州	外形紧细，黄绿相间；内质汤色清澈黄亮，滋味鲜醇爽口，饮后沁人心肺，为防暑降温的好饮料	
玫瑰花茶	产于山东平阴等地	外形饱满，色泽均匀，朵大杂质少，花瓣完整；玫瑰入水后，花瓣颜色慢慢褪变为枯黄色；汤色偏淡红或土黄色；闻起来有种淡淡的香味，品起来有点甘甜但略带苦涩味	

【综合测试】

考核评分表

班级： 　　　组员： 　　　　　　　　　　实训内容：品花茶　　日期：

序号	茶叶名称	价格	外形	香气	汤色	滋味	叶底	应得分	教师评分
1	茉莉狗牯脑							20分	
2	茉莉双龙银针							20分	
3	桂花茶							15分	
4	桂花龙井茶							15分	
5	金银花茶							15分	
6	玫瑰花茶							15分	
	合　　计							100分	

【知识链接】

一、花茶窨制加工工序

茶坯处理→鲜花维护→拌和窨花→通花散热→收堆续窨→起花→复火摊凉→匀堆装箱。

二、花茶分类

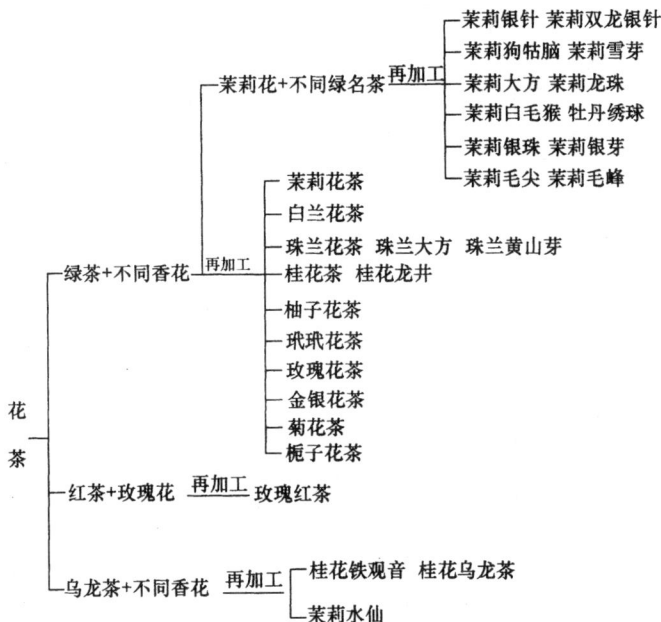

三、花茶品质

花茶属再加工茶类。所谓再加工茶，是指毛茶经过精制后，再行加工的茶。目前，我国再加工茶除花茶外，还有压制茶和速溶茶。花茶是精制后的茶经过窨花而制成的，通常所用的香花有茉莉、白兰、珠兰、玳玳、柚子、桂花、玫瑰等，不同香花窨制的花茶品质各具特色。

茶花外形审评条索、嫩度、整碎和净度，窨花后的条索稍松一些，色泽带黄也属正常。内质审评香气、汤色、滋味和叶底。花茶的品质是以香味为主，通常从鲜、浓、醇三个方面来评比，一般开汤后，先嗅香气，后看汤色，尝滋味，再看叶底。花茶的汤色一般比茶坯较深一些，但滋味较醇，叶底看嫩度和匀度。

花茶内质审评有两种方法，一种是单杯审评，另一种是双杯审评。

1. 单杯审评

单杯审评又分为一次冲泡和二次冲泡两种方法。

（1）单杯审评一次冲泡法

一般称取 3 克，用 150 毫升杯、碗，用沸水冲泡。如有花渣必须拣净，因为花渣中含有较多花青素，用沸水冲泡后会增加茶汤的苦涩味，影响审评结果的正确性。冲泡时间为 5 分钟，开汤后先看汤色是否正常，看汤色时间要快，接着趁热嗅香气，审评鲜灵度，温嗅浓度和醇度，再评滋味，花香味上口快而爽口，说明鲜灵度好，在舌尖上打滚时，评比浓醇，最后冷嗅香气，评比香气的持久性。对花茶审评技术比较熟练的人员可以采用这种方法。

（2）单杯审评二次冲泡法

单杯审评二次冲泡法是指一杯样茶分两次冲泡。第一次冲泡 3 分钟，主要评香气的鲜灵度，滋味的鲜爽度。第二次冲泡 5 分钟，评香气的浓度和醇度，滋味的浓醇。这种方法正确性较一次冲泡法好，但操作上麻烦一些，时间长一些，对初学者比较合适。

2．双杯审评

双杯审评是指同一茶样冲泡两杯。目前，双杯审评也有两种方法，一是双杯审评一次冲泡法，另一种是双杯审评二次冲泡法。

（1）双杯审评一次冲泡法

即同一茶样称取两份，每份 3 克，两杯同时一次冲泡，时间 5 分钟，先看茶汤的色泽，趁热嗅香气的鲜灵度和醇度，再评滋味，最后冷嗅香气的持久性。

（2）双杯审评二次冲泡法

同一茶样称取两份，每份 3 克，第一杯只评香气，分两次冲泡。第一次冲泡 3 分钟，评香气的鲜灵度；第二次冲泡 5 分钟，评香气的浓度和醇度。第二杯专供评汤色、滋味、叶底，原则上一次性冲泡 5 分钟。

四、花茶品质特征与品评要素评分表

品评要素	级别	推荐指数	品 质 特 征	评分	评分系数
外形	甲	★★★★★	紧结匀整，多毫或锋苗显露，造型有特色，色泽尚黄绿或嫩黄，油润，净度好	90～99	25%
	乙	★★★★☆	较结实匀整，有毫或锋苗，造型较有特色，色泽黄绿，较油润，匀整，净度较好	80～89	
	丙	★★★☆☆	紧实或壮实，造型特色不明显，色泽黄或黄褐，较匀整，净度尚好	70～79	
汤色	甲	★★★★★	浅黄明亮或嫩绿明亮	90～99	10%
	乙	★★★★☆	黄明亮或黄绿明亮	80～89	
	丙	★★★☆☆	深黄或黄绿欠亮或浑浊	70～79	

续表

品评要素	级别	推荐指数	品 质 特 征	评分	评分系数
香气	甲	★★★★★	鲜灵浓郁，有明显的鲜花香气	90～99	25%
	乙	★★★★☆	较鲜灵、浓郁，较醇正、持久	80～89	
	丙	★★★☆☆	尚浓郁，尚鲜，较醇正，尚持久	70～79	
滋味	甲	★★★★★	甘醇或醇厚，鲜爽，花香明显	90～99	30%
	乙	★★★★☆	浓厚或较醇厚	80～89	
	丙	★★★☆☆	熟闷、浓涩、青涩	70～79	
叶底	甲	★★★★★	多芽，黄绿，细嫩明亮	90～99	10%
	乙	★★★★☆	嫩匀有芽，黄明亮	80～89	
	丙	★★★☆☆	尚嫩，黄明	70～79	

五、茶叶储存

1. 重要性

茶叶是一种特殊的商品，具有很强的吸附性、吸湿性和陈化性，很容易吸收异味、受潮和陈化，极易受到水分、温度、空气、光线影响而降低质量。因此，茶叶的储存包装要求较高，基本上采取低温、避光、无氧储藏，多层复合材料抽氧充氮包装，使茶叶从加工后到饮用前处于干燥、低温、密封的环境中。同时，要注意不要让茶叶受到挤压、撞击，以保持茶叶的原形、本色和真味。

2. 茶叶变质、变味、陈化的原因

1）温度。温度越高，茶叶品质变化越快，平均每升高 10℃，茶叶的色泽褐变速度将增加 3～5 倍。如果把茶叶储存在 0℃ 以下的地方，较能抑制茶叶的陈化和品质的损失。

2）水分。茶叶水分含量在 3% 左右时，茶叶成分与水分子呈单层分子关系，当水分含量大于 5% 时，水分就会转变成溶剂，引起激烈变化，加速茶叶的变质。

3）氧气。茶中多酚类化合物的氧化、维生素 C 的氧化以及茶黄素、茶红素的氧化聚合，都与氧气有关，这些氧化作用会产生陈味物质，破坏茶叶品质。

4）光线。光的照射会加速各种化学反应的进行，特别是叶绿素易受光的照射而褪色，其中对紫外线最为敏感。

3. 常用的茶叶储存法

1）冷藏法。即将包好的茶叶储藏在温度设定在 -5℃ 左右的冰箱或冷库内，其品质变化较慢，至少半年其色、香、味保持新茶水平，是较理想的储藏茶叶的方法。

2）热水瓶储藏法。即用干燥清洁的热水瓶存放茶叶，并尽量充实装满，塞紧塞子

以减少瓶内的空隙。该方法因瓶内温度稳定，隔绝空气，湿气难以侵入，所以储存数月的茶叶仍然如新。

3）罐装储存法。即用小罐子分装少量的茶叶，以便随时取用，其余用大罐子密封起来。罐子最好是锡罐，纸罐也不错，但不能有异味。如是铁罐，则要用双层盖的，盖口缝隙用胶纸封紧，罐外套上两层纸袋，然后把袋口扎好。

4）塑料袋储存法。即使用双层塑料袋或一层锡箔纸加一层塑料袋扎口后存放，但储存时间不宜较长。

此外，以锡箔真空包装储放茶叶效果也不错。尽管如此，新鲜茶叶在半年内喝完最好。绿茶以在一月之内趁新鲜喝完最好，半发酵及发酵茶也要在半年内喝完，否则将成为陈年茶。如果茶叶放得太久，有点潮味，可以放在烤箱中微烤一下，便又可产生新茶的风味。

模块 二

茶 席 设 计

通过本模块的学习与训练，使学生了解茶席设计的由来，认知茶席的构成要素，学会欣赏茶席设计这种艺术表现形式；了解茶具的分类，熟悉常见的饮茶用具的名称及功用，了解我国古代、近代及少数民族传统样式的茶具配置，学会组合不同品茗环境下的茶具与茶点茶果的搭配；了解茶席结构、背景及相关工艺品的设计与选配知识，理解茶席插花的构思要求，在老师的指导下完成一件茶席插花作品；掌握茶席设计文案的编写，能根据茶席设计的主题选择茶席动态演示中的服装和背景音乐。

项目九　认知茶席构成要素

【学习目标】

1. 了解茶席设计的由来，掌握茶席设计的概念。
2. 认知茶席的构成要素，学会欣赏茶席设计这种艺术表现形式，能解读一般茶席设计作品的内涵。

【关 键 词】

茶品、茶具组合、铺垫、插花、焚香、挂画、相关工艺品、茶点茶果、背景、动态演示。

【预习思考】

1. 什么叫茶席设计？茶席的构成要素有哪些？
2. 如何欣赏茶席设计作品？

【实训流程】

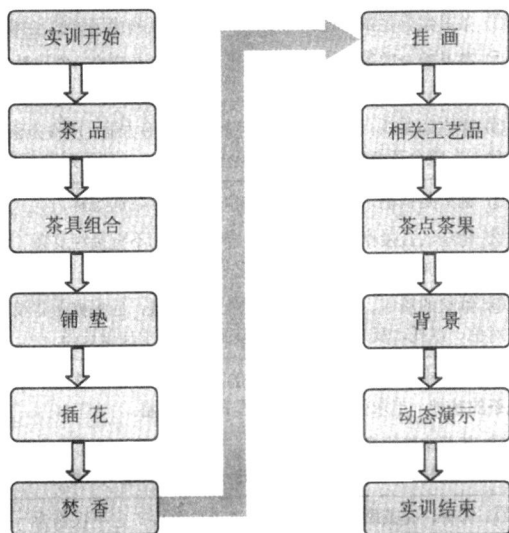

【实训时间】

实训授课 2 学时，共计 90 分钟，其中教师示范讲解 40 分钟，学生观看茶席设计视频 40 分钟，教师点评、考核 10 分钟。

【实训器具】

多媒体设备、茶席设计 VCD。

【实训要求】

此训练项目为该课程的难点，综合性强，可安排学生在课程结束后分小组完成一份茶席设计作品的创作。

【实训方法】

1. 教师讲解。
2. 组织学生参观当地的茶文化节。
3. 学生观看茶席设计作品视频与图片。

【实训步骤与操作标准】

序　号	构成因素	说　明
1	茶品	茶是茶席设计的灵魂，因茶而产生的设计理念，往往会构成设计的主要线索，如茶的色彩、形状、名称等

续表

序 号	构成因素	说 明
2	茶具组合	① 茶具组合是茶席设计的基础，也是茶席构成因素的主体。 ② 茶具组合的基本特征是实用性和艺术性相融合。实用性决定艺术性，艺术性又服务于实用性。 ③ 在它的质地、造型、体积、色彩、内涵等方面，应作为茶席设计的重要部分加以考虑，并使其在整个茶席布局中处于最显著的位置，以便于对茶席进行动态的演示
3	铺垫	① 铺垫是铺垫茶席之下布艺类和其他质地物的统称。 ② 铺垫的直接作用：一是使茶席中的器物不直接触及桌（地）面，以保持器物清洁；二是以自身的特征辅助器物共同完成茶席设计的主题。 ③ 铺垫的质地、款式、大小、色彩、花纹，应根据茶席设计的主题与立意，运用对称、不对称、烘托、反差、渲染等手段的不同要求加以选择
4	插花	① 茶席中的插花，非同于一般的宫廷插花、宗教插花、文人插花和民间插花，而是为体现茶的精神，追求崇尚自然、朴实秀雅的风格。 ② 其基本特征是：简洁、淡雅、小巧、精致。鲜花不求繁多，只插一两枝便能起到画龙点睛的效果；注重线条、构图的美和变化，以达到朴素大方，清雅绝俗的艺术效果
5	焚香	① 焚香，在茶席中，其地位一直十分重要。它不仅作为一种艺术形态融于整个茶席中，同时，它美好的气味弥漫于茶席四周的空间，使人在嗅觉上获得非常舒适的感受。 ② 气味，有时还能唤起人们意识中的某种记忆，从而使品茶的内涵变得更加丰富多彩
6	挂画	① 是悬挂在茶席背景环境中书与画的统称。 ② 书以汉字书法为主，画以中国画为主。 ③ 茶席挂轴除了书写名人诗词外，也可直接写明茶席设计的命题或茶道流派的名称
7	相关工艺品	① 不同的相关工艺品与主器具巧妙配合，往往会从人们的心理上引发一个个不同的心情故事，使不同的人产生相同的共鸣。 ② 相关工艺品选择、摆放得当，常常会获得意想不到的效果
8	茶点茶果	① 是对在饮茶过程中佐茶的茶点、茶果和茶食的统称。 ② 其主要特征是：分量较少，体积较小，制作精细，样式清雅
9	背景	① 茶席的背景，是指为获得某种视觉效果，设定在茶席之后的艺术物态方式。 ② 背景还起着视觉上的阻隔作用，使人在心理上获得某种程度的安全感
10	动态演示	包括动作、音乐、服饰、语言的设计

【综合测试】

考核评分表

班级：　　　　姓名：　　　　　　　　　　　　　　考核时间：　　年　　月　　日

序号	测试内容	应得分	自评分	小组评分	教师评分
1	茶品	10分			
2	茶具组合	10分			
3	铺垫	10分			

续表

序号	测试内容	应得分	自评分	小组评分	教师评分
4	插花	10分			
5	焚香	5分			
6	挂画	10分			
7	相关工艺品	5分			
8	茶点茶果	10分			
9	背景	10分			
10	动态演示	20分			
合 计		100分			

【知识链接】

一、茶席设计概念

所谓茶席设计，是指以茶为灵魂，以茶具为主体，在特定的空间形态中，与其他的艺术形式相结合，所共同完成的一个有独立主题的茶道艺术组合整体。

茶席，首先是一种物质形态，实用性是它的第一要素。茶席，同时又是艺术形态，它为茶席的内容表达提供了丰富的艺术表现形式。当茶席独立展示时，茶席即作为审美的客体出现。当茶席被作为手段进行演示时，茶席演示便上升为审美的客体。两者在共同完成茶的内涵表达时，常常又互为审美的客体。茶席是静态的，茶席演示是动态的，静态的茶席只有通过动态的演示，动静相融，才能更加完美地体现茶的魅力和茶的精神。

二、茶席设计的由来

茶席设计这一崭新的当代茶文化形式，具有鲜明的文化性、时代性和实用性。它一经出现，就受到了广大茶艺爱好者的欢迎。在各类茶席设计展演、交流等活动中，涌现出一大批茶席设计高手。2005年的上海国际茶文化节上，茶席设计展成了一道国内外茶人瞩目的风景线。许多茶馆将馆内的茶席设计作为吸引茶客的经营手段，特别是在青年中，茶席设计已渐渐成为一种都市的时尚。青少年也把茶席设计作为一种寓教于乐的学习茶艺好方法，广泛用于课外活动，丰富了青少年的课余生活。

茶席设计之所以越来越受到人们的欢迎，是其独特的茶文化艺术特征符合现代人的审美追求；它的承传性，使深爱优秀传统文化的现代人从其丰富的物态语言中更深地感受到陆羽《茶经》中的思想内涵；它的丰富性，使现代爱茶人除一般的茶艺冲泡形式外，获得了更多更丰富的生活体验；它的时代性，更使现代人从茶的精神核心"和"的思想中寻找到构建当代和谐社会的许多有益的启迪。

三、茶席设计作品欣赏

名　　称	解　　说	图　片
《盼》设计者：金颖颖	"……举头望明月，低头思故乡。"李白的诗句让人吟唱了千年，如今又用金色写满了浓浓的铺垫。壶前几只茶碗，东边一个，西边一个。要都放在一对老人的身边那该多好啊！喷香的月饼正等着儿女们来尝。一枝高香，轻烟缭绕，就盼着窗外月圆时分！此景此情，要表达作者何样的心绪，不是让人一看就明了的吗？该茶席物态语言朴实，结构清晰，背景中的夜色并非简单地使用一块黑布，而是选择了一块淡蓝色的纱帘，使夜色显得朦胧又带有几分亮色。最用心的是一块用金字写满诗句的大红铺垫，将作者的情感浓浓托出	
《猫冬茶》设计者：周凤茶	我国东北地区寒冷期长，可屋内却暖意融融。人们围坐在热炕上，叫做"猫冬"；喝的爱饮的花茶，就称为"猫冬茶"。 这是一个从东北来上海学习茶艺的女学员的作品。她从自己熟悉的生活出发，以一张草席作炕，炕桌上是东北农村常用的青花瓷碗、提壶、茶罐和水盂，"二人转"所用的手巾和彩扇，仿佛已在我们耳边响起"二人转"欢快的曲调。至于那几只大花布的坐垫，更是让我们看到东北人盘腿坐在热炕头上笑饮"猫冬茶"的生动情景。该茶席的设计，在题材、器物及色彩的选择、布局上，都给我们留下过目不忘的感觉	
《冬》设计者：斯祖	这是一个命题茶席设计。从全席来看，无论是主题的表达，还是物态语言的运用、结构的布局、色彩的搭配以及器物单件的选择，都把握得较好。白亮如雪的铺垫上，红白相间的茶具色彩，如同白雪红梅一般，在红红的炉火映照下透着阵阵的暖意。此时再品一杯陈年普洱，有谁还会在意窗外的雪已将雪松厚厚地覆盖……	
《安吉印象》设计者：石伟蔚 郁煜	浙江的安吉，不仅是竹乡，也是白茶的盛产地。于是就有了作者对安吉的一种印象。从茶席的物态语言来看，竹的语言表达已非常充分，竹勺、竹盂、竹笠、竹笛以及竹制的花器，就连杯垫也用竹做成。连同背景中放大的竹的水墨画，仿佛使人置身于一片竹的海洋。而铺垫青、绿两色的运用，则更是将人带入更深更远的意境。冲泡竹乡的白茶，选用的是青翠的越瓷，如又见唐时择器的古风迎面拂来。品一口白茶吧，茶香竹香，茶意竹意，醉得就是这一番竹乡茶情	

续表

名　称	解　说	图　片
《香茉怡情》设计者：郭静	茶席设计必须有一个基本的空间环境，而这个空间环境又有一个基本的限制，这就是茶席设计的本质指出的"特定的空间形态"，即以茶台或铺垫为空间中心的两圆叠面。除此之外都不属于这个"特定的空间形态"。所以，作者并没有像一般的设计那样，以大量的茉莉花来渲染茶席的环境，而是以茉莉的花、叶两色来选择和结构器物，再以少量茉莉花点缀，就使全席洋溢着茉莉花的清雅感觉	
《幸福的味道》设计者：侯卫莉	幸福的味道是怎样的？这个茶席告诉我们：是合家大小的团聚，是平平淡淡的日子，如同平平淡淡的茶。你看那些器物，都是普通百姓人家有的。还有那些相册，盛满了一家人的甜蜜。这些都是茶带来的，不信，你看背景的字，全是用一片片真的茶叶做成的	
《相濡以沫》设计者：付琳	两把紫砂壶，两只小茶碗，实实在在地摆在竹垫上；再看果碟中软软的小点心和那把老式的怀表以及未织完的毛线老人帽，此刻，你的心情一定也像那块如今已很难见到的铺垫一样，仿佛是从很远的地方传来的几声呼唤所震撼。与茶相伴的一生，原来是如此的美丽。看《相濡以沫》，真的有一种感动	
《老家》设计者：扬永红	表现"老家"这类怀旧题材的茶席设计，如果是与茶无关，就会显得意义不大。作者的老家在信阳，信阳毛尖闻名天下，作者实际是在表现老家的信阳毛尖，这样，通过众多关于老家的生活物象，来表现传统名茶的本质与内涵。这也是此类怀旧题材的茶席设计所经常采用的一个基本手法	
《凤阳花鼓茶》设计者：叶静	同样表现的是家乡题材，《凤阳花鼓茶》则不属于一般的怀旧题材，而是表现了另一种茶饮的习俗与茶饮方法，这就使它更具有艺术的价值。整张茶席，不能缺少的物态语言就是凤阳的花鼓，一旦有了它，全席立刻就生动、活跃起来。观赏这一设计，耳旁如闻声声花鼓，眼前如见击鼓饮茶的凤阳人	

续表

名　称	解　说	图　片
《童年是杯茶》设计者：陈农	又是一个怀旧的题材，《童年是杯茶》却与其他的同类题材不同，表现出的是浓浓的诗意。这很重要。有诗意的艺术，会显得更美；有诗意的艺术，会令人感动。这个作品，作者没有明说国人爱茶的传统，却用诗的语言和形式告诉我们更多。童年如茶，那么，整个人生呢……	
《品红》设计者：侯莉	看得出，作者对红色有着特殊的情感，否则不会将其他器物与相关艺术形式的色彩全部淡化，唯独浓浓烈烈地突出那块火红的叠铺。是火红的时代，火红的经历使她如此这般地爱上了红茶？还是浓酽的红茶使她对火红的生活一往情深？品红，也许就是品那无限的希望	
《惬意》设计者：刘姒缨	品茶，品的就是人生的那份惬意。该设计无论是器物的选择还是结构的布局，都显出一种漫不经心和轻松随意之感。一边品着茶，一边下着棋。手中的核桃玩腻了，就听蝈蝈悠闲的唱。好一个自由自在之人	

（图片选自乔木森《茶席设计》——2005 年上海国际茶文化节茶席设计作品）

项目十　茶　具　组　合

【学习目标】

1. 了解茶具的分类，熟悉常见的饮茶用具的名称及功用。
2. 了解我国古代、近代及少数民族传统样式的茶具配置。
3. 掌握六大茶类茶具的配置，学会组合不同品茗环境下的茶具并配置茶果。

【关键词】

备水器、泡茶器、品茶器、辅助器。

【预习思考】

1. 常见的饮茶用具有哪些？请说出其名称与用途。
2. 说出冲泡六大类茶常用的茶具配置。

【实训流程】

```
实训开始 ──────────────┐      冲泡绿茶、白茶、黄茶茶具配置
    ↓                 │              ↓
备水器具识别            │      冲泡青茶（乌龙茶）茶具配置
    ↓                 │              ↓
泡茶器具识别            │      冲泡红茶、花茶茶具配置
    ↓                 │              ↓
品茶器具识别            │      冲泡黑茶（普洱茶）茶具配置
    ↓                 │              ↓
辅助器具识别 ───────────┘           实训结束
```

【实训时间】

实训授课 3 学时，共计 135 分钟，其中教师讲解 30 分钟，组织学生调研茶具市场 65 分钟，学生在实训室配置六大类冲泡茶具 30 分钟，教师点评、考核 10 分钟。

【实训器具】

备水器具若干、泡茶器具若干、品茶器具若干、辅助器具若干。

【实训要求】

在选择茶具时，不仅要看茶叶品质，还要注重品茗的场合和人数，再根据自己的泡茶实践和自己现有的茶具情况，选择、搭配一套科学、实用并美观的茶具。

【实训方法】

1．教师示范讲解。

2．参观专业茶具市场。

3．学生 2 人一组配置茶具。

【实训步骤与操作标准】

1．茶具的分类

类　别	说　　明	图　片
陶器	中国历史上最早的茶具。既有原始的粗陶茶具，也包括著名的宜兴紫砂茶具。紫砂茶具早在北宋初期就已经发展成为独树一帜的优秀茶具，并在明代大为流行。紫砂茶具所用的原料紫砂陶具有砂性，所制作的陶器内外均不施釉。制品烧成后主要呈现紫红色，因而被称为紫砂	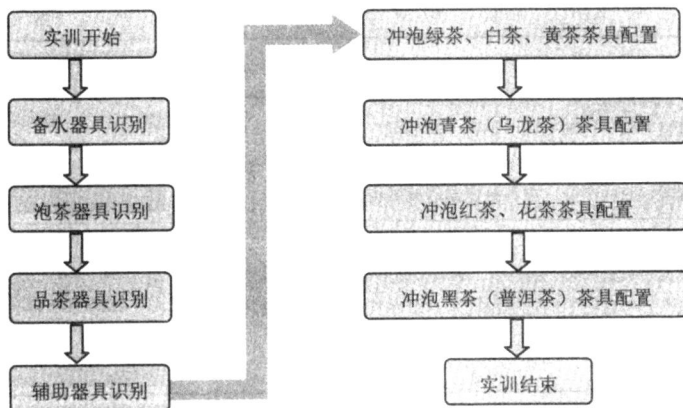

类　别	说　明	图　片
瓷器	瓷器是中国古代伟大的发明，在3000多年前的商代已出现了原始的青瓷。中国景德镇制瓷历史悠久，所产瓷器品质优良，以"白如玉、明如镜、薄如纸、声如磬"享誉中外。瓷器茶具又可分为青瓷、白瓷、黑瓷，其他如青花瓷、彩瓷等，时代不同，对各种瓷器的偏好也不同	
金属茶具	金属茶具是用金、银、铜、锡等金属制成的茶具。其中，金银茶具考虑更多的是等级因素。金属茶具除锡器用作储茶有可取之处外，其余的对泡茶来说并不适合	
木竹茶具	在历史上，特别是茶区和农村，由于资源丰富，制作简便，木制、竹制的茶碗曾被广泛用于泡茶。现在多用木与竹制作茶叶筒，用来储藏茶叶	
漆器茶具	始见于清代，主要产于福建福州一代，多以"雕填""暗花"工艺体现，多姿多彩	
玻璃茶具	现代茶具的代表。由于其晶莹剔透，可以观赏茶叶的形状，而且价格便宜，成为现代生活中不可或缺的茶具	

2．茶具的组成

茶具组成	名　称	说　明
备水器具	煮水器、随手泡、开水壶	为泡茶而储水、烧水的器具
泡茶器具	茶壶、茶杯、盖碗、泡茶器	泡茶容器。在茶事过程中与茶叶、茶汤直接接触的器物，一般必备性较强，可替代性甚小，不应简化
泡茶器具	茶则	用来衡量茶叶用量，确保投茶量准确等
泡茶器具	茶叶罐	用来储放泡茶需用的茶叶
泡茶器具	茶匙	舀取茶叶，兼有置茶入壶的功能
品茶器具	茶海、公道杯、茶盅	储放茶汤
品茶器具	品茗杯	因茶选定的品尝茶汤的杯子，当用玻璃杯时，往往泡、品合一
品茶器具	闻香杯	用于嗅闻茶汤在杯底的留香

续表

茶具组成	名　称	说　明
辅助器具	茶荷、茶碟	用来放置已量定的备泡茶叶,兼可放置观赏用样茶
	茶针	清理茶壶嘴时用,多为工夫茶冲泡壶小易塞而备
	漏斗	方便将茶叶放入小壶
	茶盘	放置茶具,端捧茗杯用
	壶盘	放置冲茶的开水壶,以防开水壶烫坏桌面
	茶巾	清洁用具,擦拭积水
	茶池	不备水盂且弃水较多时用
	水盂	弃水用
	汤滤	过滤茶汤用
	承托	放置汤滤等用
	茶匙组合	通常将茶则、茶匙、茶针、茶夹四件装在一个特制竹或木罐中,组合起来便于收放和使用

紫砂壶结构图

主泡器

1—茶船及茶壶;2—茶船;3—闻香杯及茶杯;4—茶海;5—茶海;6—盖碗;7—茶盘;8—茶盘

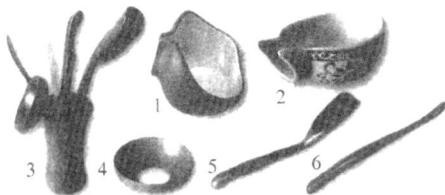

辅泡器(1)

1—茶荷;2—茶荷;3—茶具组;4—茶漏;5—茶则;6—茶匙

辅泡器（2）

1—茶叶罐；2—茶巾；3—茶滤；4—茶针；5—茶挟；6—煮水器

3. 各类茶类适宜选配的茶具

茶　类	适用的茶具	
名优绿茶		无盖透明玻璃杯，白瓷、青瓷、青花瓷无盖杯都可以，但是最好选用透明的玻璃杯，这样在冲泡过程中能欣赏到细嫩的茶芽在水中慢慢舒展，享受翩翩起舞之茶趣
中档的大宗绿茶		可选用瓷杯、瓷碗加盖冲饮。以闻香、品味为主，观形次之
低档的粗茶和茶末		可选用茶壶冲泡，闻其香、尝其味，不见其形
花茶		青瓷、青花瓷等盖碗、盖杯、壶具
红茶		内挂白釉紫砂、白瓷、红釉瓷、暖色瓷的壶杯具、盖杯或咖啡壶具
黄茶		奶白或黄釉瓷及黄橙色壶杯具、盖碗、盖杯

续表

茶 类	适用的茶具	
白茶		白瓷壶杯及内壁瓷或黄泥炻有色黑瓷
普洱茶		紫砂壶杯具，或白瓷壶杯具、盖碗、盖杯，也可用民间土陶工艺制作杯具
乌龙茶		紫砂壶杯具，或白瓷壶杯具、盖碗、盖杯，也可用灰褐系列的陶器壶杯具

4. 茶具传统样式配置

（1）古代茶具传统样式配置

茶道名称	茶 具 组 合
道家神仙茶道	铜质太极炼茶炉、生铁太极煮水釜、瓷质青色胡人骑狮注水壶、瓷质土黄色配方瓶（3个）、瓷质青色素面宽口水盂、漉水斗、瓷质青色素面公道盅、瓷质青包阔底平腹茶碗（5个）、红色漆器茶盘、黄色纱茶巾、竹质原色茶巾碟、铜质分灯盏（6个）、手铃（两串）、太极盘
佛家佛茶道	泥炉、铜质煮水壶、木质原色水盂、木质原色茶包盒、细麻扎包布、纱线扎绳、锡质原色素面葫芦茶罐、铜质香炉、炷香（3枝）、香木（多根）、香木碟、黄色茶巾、竹制茶则、瓷质青色茶碗（6个）、木质原色圆形茶盘
儒家文人茶道	竹壳封泥炉、生铁带柄茶釜、鹅毛扇、木质棕色笔挂（挂有竹制原色茶则、茶针、茶夹）瓷质高腰青花水盂、竹制原色茶杓、瓷质清花茶盏（3个）、锡质原色茶叶罐、棕色紫砂吸水壶、木质脱胎漆正方茶盘
唐代宫廷茶道	鎏金天马流云纹银质茶碾、鎏金仙人驭鹤银质茶罗、鎏金飞鸿纹银质则、琉璃带托茶碗（6个）、鎏金鸿雁于飞纹银质笼子、鎏金银龟茶、鎏金摩羯纹蕾钮银质盐台、鎏金飞鸿纹银质匙、银质火筋、鎏金人物画银坛子、鎏金飞鸿水盂、鎏金银质握柄茶刷、鎏金银质鹅头杓、鎏金水纹铜质鼎型三足风炉、鎏金铜质素面茶釜、鎏金万字纹银质香炉、鎏金花窗银质食盒
宋代分茶道	竹编封泥"韦鸿"、铜质长嘴素面铫子、瓷质乳色素面"汤提点"、六角竹编炭、熟铁火夹、生铁"金法曹"、木质"木待制"、麻石质"石转运"、厨用"胡员外"、竹制"罗枢密"、橘木茶则、带柄"家从事"、木质"漆雕秘阁"、陶质黑色兔毫纹"陶宝文"、老竹"竺副帅"、丝质碎花"司职方"、木质红色水盂、木质黑色脱胎漆茶末盒
清代宫廷茶道	铜质圆形龙凤纹煮水锅、瓷质金黄色五龙纹金边水盂、瓷质红色饰花茶叶罐、瓷质红色饰花金边母仪天下文配方瓶（两个）、瓷质红色金边万寿无疆文马蹄杯（3个）、铜质鹅头杓、红色细纱茶巾、瓷质黄色金边茶巾碟、木质黑色红碎花脱胎漆茶盘

（2）近代茶具传统样式配置

茶 道 名 称	茶 具 组 合
潮州工夫茶	拉坯朱泥壶、外包朱泥内层白瓷茶杯（3个）、高脚红泥火炉、茶铫、茶垫、丝瓜络垫毡、朱泥素面双层圆形茶船、铫托、鹅毛羽扇、夹炭铜筷、瓷质青花水坛、木质棕色水坛承托、竹制原色茶杓、锡质素面茶叶罐、白色接茶素纸
台式工夫茶	木质雕纹竹网漏双层长方形茶池、不锈钢电煮水壶"随手泡"、金属"随手泡"底座、紫砂壶、瓷质白色饰花公道杯、瓷质白色饰花品茗杯（4个）、瓷质白色饰花闻香杯（4个）、木质刻字扇形杯垫（4个）、不锈钢茶滤、不锈钢环快弹簧茶滤座、外纸质内防潮金属纸质茶叶盒、木质镶贝饰艳茶瓶，瓶内置木质原色茶斗、茶则、茶匙、茶夹、茶针、茶荷、厚纱茶色茶巾
江南农家茶	黄泥炉、铜质素面茶铫、瓷质青花提壶、瓷质青花扁圆形水盂、瓷质青花茶叶罐、瓷质青花茶盅（3个）、木质棕色茶盘
川式盖碗茶	生铁火盆、木质火盆交床、熟铁火筋、铜质长嘴壶、瓷质青花水盂、瓷质白色盖碗（3个）、铁质碗托（3个）、瓷质青花茶叶罐、竹制茶荷、竹制茶则、木质棕色茶盘

（3）少数民族茶具传统样式配置

茶 道 名 称	茶 具 组 合
瓦族烤茶	生铁火盆、熟铁三足锅架、生铁带柄烤茶锅、竹制烤茶铲、竹制鲜茶贮筒、陶质煮茶罐、竹制搅茶棒、竹编连脚茶几、储放青水竹筒、竹编茶盘、陶质熟水罐、竹节杯（数个）、竹筒水盂
傣族竹筒茶	青竹方形火围（火围内垒卵石）、生铁火盆、熟铁三足壶架、熟铁火钳、陶质煮水壶、青竹烤茶筒、竹制捣茶杆、木质舂茶臼、瓷质青色素面水盂、瓷质白色碎花茶碗（数个）、熟铁砍刀、竹编茶盘、竹篮、竹制茶匙、银质饰纹清水钵、蘸水竹枝条
藏族酥油茶	陶质清水罐、瓷质盐钵、铝质酥油桶、铝质奶渣盆、白铁茶叶罐、铜质箍茶桶、木质舂打杆、木质捣茶臼，以及核桃泥、花生仁、瓜子仁、松子仁配料瓶和熟铁煮茶炉、白铜煮茶壶、木质镶铜茶碗（数个）、木质糌粑碗（数个）
蒙古族奶茶	铜质饰纹煮茶壶、生铁火盆、熟铁壶架、木质茶锤、铝质奶罐、瓷质盐罐、铝质黄油罐、铝质熟米盆、木质茶桶及蜂蜜、萝卜干配料盆
维吾尔族香茶	茶盒、铜质饰纹长颈煮质茶炉、木质碎茶斧、壶嘴过滤网、白铜饰纹茶碗茶点盘（数个），以及丁香、肉桂、胡椒配料瓶
白族三道茶	生铁火盆、木质火盆架、熟铁三足壶架、陶质清水罐、铜质煮水壶、瓷质牛眼茶盅（数个）、红漆木质茶盘，以及核桃仁、烤乳扇、红糖配料碗，蜂蜜、花椒、姜片、桂皮末配料杯，瓷质白色茶匙
侗族打油茶	生铁火盆、熟铁三足锅架、生铁锅、铜质煮水壶、瓷质茶油罐、篾编茶滤、竹瓢、木质糯米蒸笼、熟铁锅铲、木质清水桶、竹制茶盘，竹编鲜茶盘、瓷质润茶碗、瓷质熟水瓶，木质槌棒、瓷质盐罐、竹筷、瓷质白色油茶碗（数个）以及瓷质姜、葱碟和竹编花生仁、黄豆、玉米盒（数个）

【综合测试】

考核评分表

班级：　　　　　姓名：　　　　　　　　　　　　　　考核时间：　　年　　月　　日

序号	测试内容	应得分	自评分	小组评分	教师评分
1	备水器具识别	5分			
2	泡茶器具识别	5分			
3	品茶器具识别	10分			
4	辅助器具识别	10分			
5	泡绿茶器具配置	10分			
6	泡花茶器具配置	10分			
7	泡红茶器具配置	10分			
8	泡黄茶器具配置	10分			
9	泡白茶器具配置	10分			
10	泡普洱茶器具配置	10分			
11	泡乌龙茶器具配置	10分			
	合　计	100分			

【知识链接】

一、茶点茶果配置

茶点茶果是对在饮茶过程中佐茶的茶点茶果和茶食的统称。其主要特征是：分量较少，体积较小，制作精细，样式清雅。

茶在被作为专门饮料之前，就是以茶点的形式出现的。在隋唐之前的相当长时期内，人们将茶制作成茶羹或叫"茗粥"来作为食品。"茶果"一词，最早出现在王世几的《晋中兴书》中。书中记载了陆纳节俭的故事，说："……纳所设唯茶果而已。"

人们品茶，佐以茶点茶果已成习惯，往日仅清饮一杯的情景已不多见。特别是到茶馆，大多采用自助式，许多茶点茶果摆放在那里，任顾客随意选用，选多选少，茶资相同，似乎不吃白不吃，其实不然，品茶品的是情调，是意味，茶点不在多，一个真正会品茶的人，在佐茶的茶点茶果上，会根据不同的茶、不同的季节、不同的日子和不同的人做不同的选择。

选择依据		茶点茶果配置
根据不同的茶选择	品绿茶	可选择一些甜食，如干果类的桃脯、桂圆、蜜饯、金橘饼等
	品红茶	可选择一些味甘酸的茶果，如杨梅干、葡萄干、话梅、橄榄等
	品乌龙茶	可选择一些味偏重的咸茶食，如椒盐瓜子、怪味豆、笋干丝、鱿鱼丝、牛肉干、咸菜干、鱼片、酱油瓜子等
根据不同的季节选择	春天	脱去沉重的冬装，仰面吸入春的气息，低头尽是春花欲放，人的心情也会随之清新起来。这时品茶，可选择带有薄荷香味的糖果、桃酥、香糕、玫瑰瓜子等，使花香果香一并进入口中
	夏天	踏着夜色去茶馆，柳枝轻拂，月光如水，路边小溪闪亮着银色的光。此刻品茗，佐以鲜果，如菠萝、雪梨、西瓜、樱桃、龙眼、荔枝、花红、山楂、草莓……水分要多一点的，味道要甜一点的，说说你的儿女情长，谈谈我的家长里短。这番香茗这番夜，不记你一辈子也不成
	秋天	天高气也爽，择个周末，或午或晨，泡上一壶福建老乡送来的安溪铁观音，那股清甜的香气倾刻在你我鼻间飘荡。先品上几小杯，过一把茶瘾，再捧来热腾腾的水晶饺、蒸饺、珍珠西米盏、淌水锅贴、烧卖、小笼包、生煎馒头，尝一口，再尝一口，哪顾得上说乔迁、升职、嫁女、育儿，那种惬意，全在一品一尝，一尝一品中
	冬天	瑞雪刚住，耳边就响起古刹老僧的喊：吃茶去！是哪家馆主拾和新炭添入炉？暖暖的，映红你我的脸。酽茶融融，又见满桌开心果、香酥核桃仁、栗子、茶香葵花子、蜜枣、姜片、桂花糖。茶香情浓，令人回味无穷
根据不同的日子选择	过生日	喝奶茶，自然是选配糕糖甜点类
	重阳日	品绿茶，用绿豆糕、云片糕类佐茶，父母、爷爷奶奶辈一看就高兴
	端午节	品宁红，粽子是主打
	中秋日	品单枞，配鱼片、鸡丝、牛肉干，一定受欢迎
	状元日	进高校，来年就等博士帽。捧一把开心果、花生仁、怪味豆，十年寒窗，香甜苦辣味先尝
	定情日	千里姻缘一线牵，情人眼里都是甜。就让蜜枣、蜜糖、蜜饯、蜜瓜都端来
	老友聚	重相逢，笑谈当年都称雄。说累了，说饿了，多端些酒酿圆子，圆圆满满如当下的日子，甜甜蜜蜜如逝去的往事
根据不同的人选择	请老人	年岁不饶人，应选择如汤圆、四喜饺子、绿茶粥之类宜牙的湿点
	请上司	多多沟通感情，宜选择奶香葵花子、奶油南瓜子、五香西瓜子之类。要慢慢地嗑，慢慢地聊
	请情人	应选甜点，果奶冻、茶糖串、薯条、三丝卷、杏仁糕，都是上品。若嫌时光快，再添开心果
	请同桌	多选些干果，如话梅、果丹皮、金橘饼、青梅干。不谈当年那块橡皮，也不谈中间那道"三八线"，就让青梅一般的童年，甜甜酸酸沁人心田
	请亲戚	叽叽喳喳话匣子总关不住，挤不上说的就嗑瓜子，多选些花生、青豆、百果、核桃、葵花子。话说一堆，壳吐一桌，不带劲也带劲

二、茶点茶果盛装器的选择

茶点茶果盛装器的选择，无论是质地、形状还是色彩，都应服务于茶果茶点的需要。换句话说，也就是什么样的茶点茶果选配什么样的盛装器。例如，茶点茶果追求小巧、精致、清雅，则盛装器也应同样如此。

所谓小巧，是指盛装器的大小不能超过主器物；所谓精致，是指盛装器的大小的制作，应精雅别致；所谓清雅，是指盛装器的大小应具有一定的艺术特色。

现今市场上的茶点茶果盛装器形式多样，品种异常丰富。质地上，有紫砂、瓷器、陶器、木制、竹制、玻璃、金属等；形状上，有圆形、正方形、长方形、椭圆形、树叶形、船形、斗形、花形、鱼形、鸟形、木格形、水果形、小筐形、小篮形、小篓形等；色彩上，多以原色、白色、乳白色、乳黄色、鹅黄色、淡绿色、淡青色、粉红色、桃红色、淡黄色为主。

一般来说，干点宜用碟，湿点宜用碗，干果宜用篓，鲜果宜用盘，茶食宜用盏。

色彩上，可根据茶点茶果的色彩配以相对色。其中，除原色外，一般以红配绿、黄配蓝、白配紫、青配乳为宜。又凡各种淡色均可配各种深色。

有些盛装器里常垫以洁净的纸，特别是盛装有一定油渍、糖渍的干点干果时常垫以白色花边食品纸。

茶点茶果盛装器的选择，还应在质地、形状、色彩上与茶席主器物协调。

茶点茶果一般摆置在茶席的前中位或前边位。

总之，茶点茶果及盛装器都要做到小巧、精致和美观，切勿择个大体重的食物，也勿将茶点茶果堆砌在盛装器中。只要巧妙配置与摆放，茶果茶点也是茶席中的一道风景，盆盆碟碟显得诱人与可爱。

项目十一 茶席的结构与背景设计

【学习目标】

1．了解不同的茶席形态及其结构方式。
2．掌握茶席结构、背景及相关工艺品的设计与选配知识。
3．了解茶席结构美的内涵，掌握茶席服装的选配要领。

【关 键 词】

中心结构、非中心结构、室外设计、室内设计。

【预习思考】

1．茶席的结构设计以什么为目标？

2．如何选择与搭配茶席动态演示中的服装？

【实训流程】

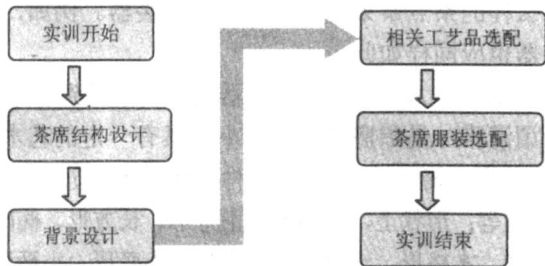

【实训时间】

实训授课 2 学时，共计 90 分钟，其中教师示范讲解 30 分钟，学员操作 50 分钟，教师考核 10 分钟。

【实训器具】

多媒体设备、茶席设计 VCD。

【实训要求】

2 人为一组合作完成一份茶席结构与背景的设计。

【实训方法】

1．教师示范讲解。
2．学员操作。

【实训步骤与操作标准】

1．茶席结构设计

类　型		特　　点
中心结构式		指在茶席有限的铺垫或表现空间内，以空间中心为结构核心点，其他各因素均围绕结构核心来表现相互关系的结构方式。中心结构式属传统结构方式。结构的核心往往以主器物来体现，非常注重器物的大小、高低、多少、远近、前后左右关照
非中心结构式	流线式	以地面结构为多见。一般常为地面铺垫的自由倾斜状态。在器物摆置上无结构中心，而是不分大小、不分高低、不分前后左右，仅是从头到尾，信手摆来，整体铺垫呈流线型

续表

类　型		特　点
非中心结构式	散落式	一般表现为铺垫平整，器物基本规则，其他装饰品自由散落于铺垫之上。例如，将花瓣或富有个性的树叶、卵石等不经意地撒落在器物之间。散落式表面看似落叶缤纷，实则表现了人在草木中的闲适心情
	桌、地面组合式	属现代改良的传统结构式。其结构核心在地面，地面承以桌面，地面又以器物为结构核心点。一般置于地面的器物，其体积要求比桌面的器物稍大，如偏小，则成饰物，会表现出强烈的失重感
	器物反传统式	多用于表演性茶道的茶席。此类茶席在茶具的结构上、器物的摆置上一反传统的结构样式，具有一定的艺术独创性，又以深厚的茶文化传统作基础，使结构全新化而又不离一般的结构规律，常给人耳目一新的感觉
	主体淹没式	常见于一些茶艺馆、茶道馆仿日式茶室的茶室布置。为适合不同茶客的需求，在茶席主器物上，以不同的形状重复摆放，但摆放仍有结构的规律。例如，在长短比例、高低位置、远近距离等方面仍十分讲究，使复杂美的结构方式得以充分体现

2. 背景设计

设计类型	设计依据	说　明
室外设计	以树木为背景	宜选择树龄适中的树木。成年老树树干太高，使茶席背景显得孤单；而幼树又缺乏树之风采，使茶席背景难以构成和谐的画面。最好是选择相近种植的两三棵成材树木作为背景，树下土地如再整理平坦，这样效果更佳
	以竹子为背景	竹子是人们最喜爱的植物之一。它不惧严寒酷暑、虚心有节等特点，常被喻作许多美好品德而广受赞扬。所以，选择竹子为背景，又使茶的内涵更加深厚。以竹子为背景，可选一株或两株，也可选成片的竹林
	以假山为背景	将假山作为背景，使茶席也显得厚实而庄重。但宜选择那些瘦骨嶙峋、造型奇特，并有一定高度的假山为背景，如石上还生有草木花枝则更佳。这样不仅使茶席的整体画面多姿多色，也给人以更加丰富的想象空间
	以街头屋前为背景	街头屋前的茶席，一般多以促销茶产品的形式出现，由于是近距离面对面地和观众交流，宜在茶席之后搭设背景物，以获得一个相对阻隔的空间，而有利于集中观赏者的目光。所搭背景，或设活动屏风，或以布帘、竹席垂挂。在背景物上，还可饰以宣传画片或工艺物件，使整体构图具有个性化的美感
室内设计	以舞台为背景	茶席设计展示活动，组织者常选用大型的室内场地，如剧场、影院、多功能演示大厅等。利用专业舞台作背景，只要根据茶席的题材及风格，向舞台管理者提出背景形式要求，一般都可获得比较满意的效果

续表

设计类型	设计依据	说　明
室内设计	以会议室主席台为背景	会议室主席台与专业演出舞台相比，灯光、布景等设备条件不太专业，但一般也具备起码的面灯、景灯及背景布置。茶席置于会议主席台上，只要在原背景布置上稍作装饰，也可获得较为满意的效果
	以窗为背景	以室内现成的窗作背景，窗框可贴可挂，窗格可饰可勾，窗台可摆可布，窗帘可拉可垂。若要追求茶席的背景效果，茶席便可背窗而设；若要追求茶席器物的投光效果，茶席便可侧窗而设。如窗位较低，或是落地窗类，采用地铺的形式进行茶席的设计则效果更佳
	以装饰墙面为背景	以装饰墙面作背景，可事先根据墙面装饰物及装饰图案的风格确定茶席的题材和风格，然后再进行具体茶席的设计与摆置，并可将茶席的某种艺术特质与装饰墙面的艺术特质结合起来，以获得相互融合的效果
	以玄关为背景	许多大厅在门口处设有玄关。玄关的造型以方形、长方形多见，往往都连有底座。用玄关作为茶席背景，无须再补以其他饰物。但要注意茶席的题材是否与玄关的风格相吻合，如一个传统，一个现代，这样就要再作调整，或用某种装饰物将玄关与茶席风格不相符的部分加以遮掩与修饰
	以博古架为背景	在一些比较讲究的大厅，常在某个墙面设有博古架，摆放各种古玩和工艺品。博古架古色古香，透书卷气，如茶席器物是瓷质、紫砂类，仿佛这些器物就是从博古架中而来，给人以博古架就是专门为茶席而设的感觉

3. 相关工艺品设计

选择和陈设原则	类　别	举　例
多而不淹器，小而看得清	自然物类	石类、植物盆景类、花草类、干枝干叶类等
	生活用品类	穿戴类、首饰类、化妆品类、厨具类、文具类、玩具类等
	艺术品类	乐器类、民间艺术类、演艺用品类等
	宗教用品类	佛教法器、道教法器、西方教具等
	传统劳动用具	农业用具、木工用具、纺织用具、铁匠用具、鞋匠用具、泥工用具
	历史文物类	古代兵器、文物古董类

【综合测试】

考核评分表

班级：　　　　姓名：　　　　　　　　　　　考核时间：　　年　　月　　日

序号	测试内容	应得分	自评分	小组评分	教师评分
1	结构设计	30分			
2	背景设计	30分			
3	相关工艺品设计	20分			
4	服装选配	20分			
	合　计	100分			

【知识链接】

茶席动态演示中的服饰选择与搭配

一、茶席动态演示中服饰的基本要求

1. 符合一般表演的服饰要求

茶席的动态演示含有一定的表演成分，其服饰就应该符合一般的艺术表演要求。艺术表演有一定的表演条件和表演环境限制，如表演者和观众有一定的观赏距离、表演时有一定的灯光限制、表演还具有一定的个性化特征等，这就要求演示的服饰在质地、款式和色彩等要素上具有一定的艺术夸张，以适应表演的要求。

2. 符合平时生活的服饰要求

茶席设计艺术与其他纯表演艺术有所不同，它的服饰穿着还要求接近现实的生活，体现现实生活穿着的服饰特性。生活中服饰的特点是与他人没有规定的距离、没有规定的光照、没有规定的个性显示。因此，生活中的服饰必须夸张而不过分，醒目而不炫目，并能方便地完成一定的生活和劳动行为。

二、茶席动态演示中服饰的选择与搭配方法

1. 根据茶席的主题来选择与搭配

主题反映的是一种思想。具体通过作品表现为对事物的一种认识和态度。根据这些不同的思想表现就可以有针对性地选择相应的服装和配饰。茶席作品题材是广泛而多样性的。其中，有许多是表达一种对平常生活的精神追求。如追求平淡、平静、平等与平和。茶席设计作品《禅》，就是通过简朴的器具和古琴宁静、安详的旋律，力图表达一种平淡、致远的思想境界。演示者并没有像有些表演那样，一表现"禅"，就非穿僧衣不可，而只是选择了一件中式长袖白衫，下身穿一条白色缎裤，静静坐在一边，随着古琴的旋律，将口中的长箫轻轻地吹出间断的和声。这种服饰的选择，不仅准确地反映了平常就是禅的主题思想，更有效地传递了一种宁静的意境，给人以平静而长久的感受。

2. 根据茶席的题材来选择与搭配

所谓题材，指的是艺术作品构成的主体材料。题材反映一种来源。作为人来说，什么地方的人穿什么衣，什么时期的人穿什么衣，是一条穿衣的基本规律。这样，就为茶席的演示者视题材来选择和搭配服饰提供了准确、有效的方法。从地域来看，我国幅员广阔，民族众多。南方、北方，少数民族和边疆地区，人民的服饰种类各显特色，各不相同。那么，我们就要从茶席艺术的角度出发，选择不同地区、民族、年龄、

性别、职业有一定代表性的典型服饰加以体现。总之，题材的多样性，必然反映出服装的丰富性。只要我们准确地把握好题材的地域和时代背景，就能选择好充分表现茶席内容的典型服装和配饰。

3. 根据茶席的色彩来选择搭配

所谓茶席的色彩，是指具体器物和总体色彩气氛所呈现的色彩感觉。茶席的色彩比较直观，反映着茶席设计者的思想和情感。根据茶席的色彩来选择与搭配服饰，主要有以下几种方法。

一是用加强色。所谓加强色，就是以茶席的主体色或总体色彩气氛进行同类色的加强。例如，茶席的主体色是红色，服装的主色，即上衣色也同样选为红色，或深红，或淡红均可。服装的同类色不会影响茶席主体色或茶席总体的色彩气氛，因为服装的颜色随着动态演示成为流动的颜色，而流动的颜色属静态色，动态色和静态色同时出现时，在感觉中不但不会将两色混同，反而会起到色彩层次的加强与丰富的作用。

二是用衬托色。所谓衬托色，就是以间色或中性色对茶席的主体色或总体色彩气氛进行衬托，使整体色彩更显和谐。例如，茶席的主体色是白色，服装可选淡青色、淡绿色、淡蓝色；茶席主体色是红色，服装可选粉红色、橙色、淡黄色等。

三是用反差色。所谓反差色，是指服饰的颜色相对茶席主体色或总体色彩气氛形成强烈的反差。反差色，虽也同样起着衬托的作用，但这种衬托感觉更为强烈。例如，茶席的主体色或总体色彩气氛为白色，服装的颜色可选为黑色、红色、蓝色、深褐色等；茶席的主体色或总体色彩气氛为黑色，服装的颜色可选为白色，或乳白色、乳黄色。

4. 根据茶席的风格来选择搭配

所谓茶席的风格，是指茶席的设计者以他的独特见解和相应的独特手法，表现出的作品面貌特征。茶席设计的不同风格，是通过茶席的各种器物和结构形式来体现的。例如，都市风格，必然要有反映都市特色的器物，像表现都市时尚的冰类调饮茶，杯具造型呈欧式的高脚杯，壶具也类似于咖啡壶，背景一定不是中式的屏风，可能会是极具现代意味的马赛克墙面等。又如，山野风格，大多采用竹椅、竹器、原木茶台、竹帘背景、粗瓷大碗、铜质煮水壶等。

通过这些器物所体现的茶席风格特征，就可有针对性地进行服装和配饰的选择。例如，茶席是都市风格，我们既可选择流行的款式旗袍，或以唐装为上衣，也可选薄纱长裙、束臂中裙或一步裙，上衣可是浪漫低胸或圆领、鸡心领休闲衫，配饰则可以是不同的精细白金项链、花式胸针、胸花挂佩。高跟鞋的颜色无论是白色、黑色、咖啡色，都可根据不同衣裳的款式、色彩进行搭配。

三、旗袍的选购

在各种茶事活动中，表演者身着旗袍表演茶艺非常普遍。旗袍是带有中国特色、体现西式审美、并采用西式剪裁的服饰,是东西方文化糅合具象。旗袍将女性的妩媚典雅与山水韵律体现得淋漓尽致。一件通体剪裁、上下相连的合身旗袍,内敛而不张扬,沉静而不轻飘,贤淑而不争艳,无论在哪个时代,无论在哪种潮流趋势中,旗袍的美总不会被淹没,它含蓄而又性感,简洁而又典雅。选购茶艺表演用的旗袍时注意以下两个方面。

1. 尺寸规格

市场上成衣旗袍的规格是按大众化的身材体型量制的。由于每个人身材都有自己特殊性,而旗袍又是趋于紧身、抱合性强的服装,尺寸规格则是选购旗袍的重要指标。首先,购买旗袍必须准确地测量出自己的"三围",即胸围、腰围、臀围,并与旗袍的"三围"相适或略有余。然后,在更衣室试穿观其"三围"是否贴体舒适,其次,还要观领子、衣身、袖子的长短与肥瘦等。旗袍尺寸大小的选购不同于连衣裙等服装,要求十分严格,否则将会失去其风格和独到之处。

2. 旗袍面料

夏季穿用,旗袍面料应选择真丝双绉、绢纺、电力纺、杭罗等真丝织品。该织品质地柔软、轻盈不粘身、舒适透凉。春秋季穿用,旗袍面料应选各种缎和丝绒类:如织锦缎、古香缎、金玉缎、绉缎、乔其立绒、金丝绒等,这些高级面料制作的旗袍能充分表现东方女性体型美、点线突出,风韵而柔媚,华贵而高雅,如果在胸、领、襟稍加点缀装饰,更为光彩夺目。

项目十二 茶席插花

【学习目标】

1. 理解茶席插花的构思要求。
2. 熟悉东方式瓶插、盆插的基本创作过程。
3. 掌握东方式瓶插或盆插作品的制作技巧、花材处理与固定技巧。

【关键词】

直立式、倾斜式、下垂式、平卧式。

【实训时间】

实训授课 3 学时,共计 135 分钟,其中教师示范讲解 30 分钟,学生操作 95 分钟,教师点评、考核 10 分钟。

【实训器具】

1. 容器材料：花瓶、花盆。
2. 花材：创作所需的时令花材，包括线条花（如龙爪柳、银柳及其他木本枝条）、焦点花（如牡丹、百合、月季等团状花）、补充花（如小菊、情人草等散状花）、叶材（如龟背竹、肾蕨等）。
3. 固定材料：树枝、铁丝网、剑山等。
4. 辅助材料：铁丝、绿胶布、铁钉等。
5. 插花工具：剪刀、美工刀等。

【实训要求】

茶席插花要以奇数、单一、不对称为原则，以手法细致朴实，形色简雅为主，摆放位置宜较低，以坐赏为原则，为静态观赏品。

【实训方法】

1. 教师示范。
2. 学生操作。

【实训流程】

```
实训开始 ─────────────→ 插补充花
   ↓                        ↓
放置固定架或剑山           插叶材
   ↓                        ↓
插线条花                  整理加水
   ↓                        ↓
插焦点花 ─────────────→ 实训结束
```

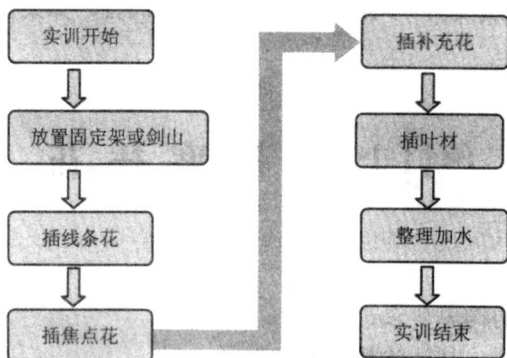

【实训步骤与操作标准】

类 型	特 点	构 图 形 式	图 示
直立式	表现植株直立生长的形态，以第一主枝基本呈直立状为基准，所有插入的花卉，都呈自然向上的势头，趋势也保持向着一个地方。整个作品充满蒸蒸向上的勃勃生机	第一主枝在花器中必须插成直立状；第二主枝插在第一主枝的一侧略有倾斜；第三主枝插在第一主枝的另一侧也略作倾斜。后两枝花要求与第一枝花相呼应，形成一个整体。3枝主枝均不能有大的弯曲度	

续表

类　型	特　点	构 图 形 式	图　示
倾斜式	以第一主枝倾斜于花器一侧为标志。这种形式具有一定的自然状态，如同风雨过后那些被吹、压弯的枝条重又伸展向上生长，蕴含着不屈不挠的顽强精神，又可有临水花木那种疏影横斜的韵味	第一主枝表现的位置是在垂直线左右各30°之外，至水平线以下30°位置的2个90°的范围内。第二、第三主枝围绕第一主枝进行排列变化，可以呈直立状，也可以是下垂状，是以与第一主枝形成最佳呼应为原则的，保持统一的趋势	
下垂式	又称悬崖式插花，是以第一主枝在花器上悬挂下垂作为主要造型特征的插花形式。形如高山流水、瀑布倾斜，又似悬崖上的古藤悬挂。枝条要求柔软轻曼，轻流舒畅，使其线条简练而又夸张	第一主枝插入花器的位置，是由上向下弯曲在平行线以下30°以外的120°范围内。第二、第三主枝的插入，主要是起到稳定重心和完善作品的作用。插入的位置可以有所变化，但同样需要保持趋势的一致性，不能各有所向	
平卧式	全部花材在一个平面上表现出来的插花形式。造型如同花卉匍匐状姿态，其间没有高低层次的变化，只有左右向的长短伸缩，给人以对生活的无限热爱和依恋的感觉	第一主枝平行伸展，3个主枝基本上在一个平面上，但每一枝花的插入也是有长有短，有远有近，也能形成动势。一般情况下，枝条在水平线上下各15°的范围内进行变化。各枝条之间应达成一定的平稳关系，但不是绝对的水平	

【综合测试】

考核评分表

班级：　　　　姓名：　　　　　　　　　　　　考核时间：　　　年　　月　　日

序号	测试内容	应得分	自评分	小组评分	教师评分
1	构思要求：独特有创意	25 分			
2	色彩要求：新颖而赏心悦目	20 分			
3	造型要求：符合东方式插花的造型要求	30 分			
4	固定要求：整体作品及花材固定均要求牢固	25 分			
	合　　计	100 分			

【知识链接】

　　插花见于茶席中也历史悠久。宋代，"点茶、挂画、插花、焚香"已同时出现在品茗环境中。由于茶席中的插花处于配合地位，因此，应根据茶席的主题来营造花的意境，并为丰富茶席的寓意起到其他摆件所不能替代的作用。

1．茶席插花的特点

茶席插花不同于一般的宫廷插花、宗教插花、商务插花、文人插花、生活插花，是为体现茶的精神，教人崇幽尚静，清心寡欲，达到修身养性和心灵的升华。追求纯真、质朴、清灵、脱俗、清简之精神。茶席插花是在茶室这一特定环境下的插花艺术，采用的是东方式插花的风格，并融入茶道之精神，具有如下特点：

1）插花作品强调意境美，作品清新淡雅，富有诗情画意，强调形、神、情、理、韵的统一，与茶室书画融为一体，耐人寻味。看一件意境深邃的插花作品就如同品一壶回味无穷的茶，使人心旷神怡。

2）选材力求简洁，花材数量不多。花材色彩搭配上不超过三种颜色，轻描淡写、清雅脱俗，体现纯真、清简。

3）造型上传承了东方式插花的特点，以线条美来表现其主题。通过线条的粗细、曲直、刚柔、疏密，表现简洁、飘逸、瘦硬、粗犷的造型。

4）亲近自然，表现自然美。表现花材自然的形式美和色彩美，具有很强的季节感。作品中的技叶花果，顺其自然之势，曲直、仰俯、巧妙配合，宛若天成。

2．茶席插花时节表现

茶席中时节表现比较普遍，最集中的是四季的表达。一般来说，四季只要使用每个季节典型的花卉来表现即可。例如，表现春季（多用于西湖龙井、洞庭碧螺春、黄山毛峰等茶），可用迎春花、牡丹、桃、杏、樱花、蓬蒿菊、紫荆、连翘、玉兰、芍药、石竹、彩叶草、榆叶梅、垂柳、垂丝海棠和紫藤等花卉；表现夏季（多用于茉莉花茶等），可用荷花、凌霄、紫薇、唐菖蒲、晚香玉、栀子花、白玉兰、三角花、石榴花等花卉；表现秋天（多用于铁观音、大红袍、单枞等茶），可用丹桂、菊花、鸡冠花、枫叶、乌柿、雁来红、千日红、一串红、翠菊、九里香、狗尾红、木芙蓉、石药、麦秆菊、火棘等花草；表现冬天（多用于普洱茶等），可用腊梅、南元竹、银柳、象牙红、仙客来、马蹄莲、冬珊瑚、天竺葵、水仙、五色椒等花卉。

时节范围，还包括晨、旭日、正阳、午后、晚霞、月夜等，可选用一日中花开最艳时辰的花朵或人们在某个习惯时段中所偏爱的花卉来表现。

3．花材禁忌

茶席插花在选材上应注意，一是不宜选用香气过浓的花，如丁香花，为的是防止花香冲淡焚香的香气以及防止花香混合茶特有的香气；二是不宜选用色泽过艳过红的花，以防破坏整个茶席清雅的艺术气氛；三是不宜选用已经盛开的花，以含苞待放的花为宜，使人观赏花的变化，领悟人生哲理。

4. 花材与花器尺寸的确定

花材与花器的比例要协调。

1）插花的高度（即第一主枝高）不要超过插花容器高度的 1.5～2 倍，容器高度的计算是瓶口直径加本身高度。在第一主枝高度确定后，第二主枝高为第一主枝高的 2/3，第三主枝高为第二主枝高的 1/2，在具体创作过程中凭经验目测就可以了。

2）第三主枝起着构图上的均衡作用，数量不限定，但大小比例要协调。自然是插花花材与花器之间的比例的配合必须恰当，做到错落有致，疏密相间，避免露脚缩头。规则式插花和抽象式插花最好按黄金分割比例处理，也就是说瓶高为 3，花材高为 5，总高为 8，比例 3∶5∶8 就可以了，花束也可按这个比例包扎。

5. 花语

花　名	花　语	花　名	花　语	花　名	花　语
雏菊	隐藏爱情	波斯菊	永远快乐	牵牛花	爱情永固
桔梗花	真诚不变的爱	鸢尾	绝望的爱	黄玫瑰	褪色的爱
白玫瑰	我足以与你相配	迷迭香	回忆	白日菊	永失我爱
风信子	让人感动的爱	龙舌兰	为爱付出一切	野葡麻花	相爱
时钟花	爱在你身边	含羞草	自卑	茉莉	你属于我
木棉花	珍惜眼前的幸福	夜来香	在危险边缘寻乐	龙胆花	喜欢看忧伤的你
油桐花	情窦初开	非洲菊	永远快乐	紫云英	没有爱的期待
樱花	生命/等你回来	山樱花	纯洁/高尚	红色仙客	你真漂亮
黑色曼陀罗	无间的爱和复仇	百合	纯洁/神圣	杨柳	依依不舍
向日葵	沉默的爱	菖蒲	相信者的幸福	麦秆菊	永恒的记忆
蓝色妖姬	相守是一种承诺	水仙花	只爱自己	鳞托菊	永远的爱
红蔷薇	热恋	仙人掌	坚硬坚强	紫玫瑰	珍惜的爱
粉蔷薇	爱的誓言	茉莉花	你是我的	星辰花	永不变心
白蔷薇	纯洁的爱情	密蒙花	请幸福到来	丁香	回忆
黄蔷薇	永恒的微笑	紫藤花	对你执着	蝴蝶兰	我爱你
狗尾巴草	暗恋	蝴蝶花	相信就是幸福	旭日藤	爱的锁链
德国菖蒲	婚姻完美	天竺葵	偶然的相遇	四叶幸运草	梦想成真
蒲公英	无法停留的爱	彩叶草	绝望的恋情	大理花	华丽/优雅
昙花	一刹那的美丽	小苍兰	纯洁/幸福	白色虞美人	安慰/慰问

项目十三　茶席设计文案的编写

【学习目标】

1. 掌握茶席设计文案的内容与编写方法。
2. 能根据茶席设计的主题选择合适的背景音乐。

【关　键　词】

主题阐述、结构说明、奉茶礼仪语、背景音乐。

【预习思考】

1. 茶席设计文案包括哪些内容？
2. 茶席设计作品在展演过程中如何选择合适的背景音乐？

【实训流程】

【实训时间】

实训授课 2 学时，共计 90 分钟，其中教师示范讲解 30 分钟，学生操作 50 分钟，教师点评、考核 10 分钟。

【实训器具】

多媒体设备、茶席设计作品。

【实训要求】

2人为一组合作完成一份茶席设计文案的编写。

【实训方法】

1. 教师示范讲解。
2. 学生操作。

【实训步骤与操作标准】

1. 茶席设计文案表述的内容

内　　容	要　　求
文字类别	在国内，一般使用简体中文；在我国港、澳、台地区及东南亚国家，可使用繁体中文；根据需要，还可在全文后另附其他国家的文字
标题	在书写用纸的头条中间位置书写标题。字形可稍大，或用另种字体书写，以便醒目
主题阐述	正文开始时，可以简短文字将茶席设计的主题思想表达清楚。主题阐述务必鲜明，具有概括性和准确性
结构说明	即将所设计的茶席由哪些器物组成，作怎样的摆置，欲达到怎样的效果等说明清楚
结构中各因素用意	即对结构中各器物选择、制作的用意表达清楚。不要求面面俱到，对特别用意之物可作突出说明
结构图示	以线条勾勒出铺垫上各器物的摆放位置。如条件允许，可画透视图；也可使用实景照片
动态演示程序介绍	就是将用什么茶，为什么用这种茶，冲泡过程各阶段（部分）的称谓、内容、用意说清楚
奉茶礼仪语	即奉茶给宾客时使用的礼仪语言
结束语	即全文总结性的文字，内容可包含个人的愿望
作者署名	即在正文结束后的尾行右部署上设计者的姓名及文案表述的日期
统计文案字数	即将全文的字数（图示以所占篇幅换算为文字字数）作一统计，然后记录在尾页尾行左下方处。茶席设计文案表述（含图示所占篇幅）一般控制在1000~1200字。字数可显示，也可不显示，根据要求决定

2. 范例

清 宫 晚 月

自乾隆皇帝在宫中建起御茶园，进宫后的民间茶道便褪去许多清纯，染上许多奢华。

按帝王要求，不仅茶艺嫔妃须心诚功雅，其茶席所选杯、盏、锅、壶也要特制。谓如此方显皇家之大气，方显圣门之大雅。常用组合茶具分别为：外铜内锡圆形龙凤纹煮水锅、锡质鼓腹茶罐、母仪天下纹配茶瓶、五龙茶盂、凤头铜制茶杓、龙头木制茶匙、黄色金边茶巾及万寿无疆大红马蹄杯。

茶席结构采用传统中心结构式。茶罐置茶席前中位，以示对茶的尊敬。两边配稍矮茶瓶，以衬其之崇高。中线东西各置煮水锅与茶盂，以示进出地位之高下。大红马蹄杯排成弯月形，将龙匙凤杓紧含其中。胸前茶巾近于手，清洁四方如扫风。

铺垫采用叠铺式，紫色平铺上再覆以黄缎三角铺，以显皇家之大气。

博山炉里，一枝线形高香，气雅境也雅。

花器中是月见草，人参鲜蕾无风也摇曳。

背景是典型宫廷多扇屏。四幅挂画分别为春、夏、秋、冬花卉，以示宫中四季如花。

茶点果果四小碟。时值隆冬，月牙形盛器里各放姜片、蜜枣、瓜子、桂花糖。

轮挂在扇屏后纱幕上的晚月，算是相关工艺品，正影影绰绰作下垂状。

结构图示如下。

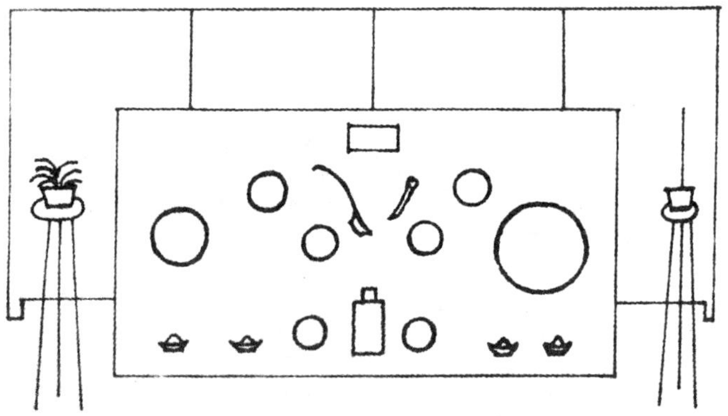

动态演示语：

各位嘉宾，大家好！欢迎观赏茶席设计《清宫晚月》。为了使您更深地体会茶席的意境，下面我将茶席所选之茶当场冲泡，并敬奉给大家品尝。

《清宫晚月》所选之茶，是帝王们常饮的来自清太祖努尔哈赤故乡"封皇区"的人参鲜蕾茶。由月见草、瀑布马丁等五味合泡，是一种养生茶。整个程序分为九道，即赏舞、献器、评水、投茶、注水、煮茗、涤器、点汤、献茶。清宫茶道，重礼节，敬如叩。器显雍容，茶讲养寿。服饰一律旗头、旗袍。高靴高帽，红巾白围。茶艺嫔妃美步飘飘如画中走来。茶不醉人人自醉，舞不留人茶留人。

好，香茶已泡，现敬奉给各位品尝，并祝大家养生有道，身体健康，福寿同存！

表述人：×××

×年×月×日

【综合测试】

考核评分表

班级: 　　　姓名: 　　　　　　　　　　　考核时间: 　　年　　月　　日

序号	测试内容	应得分	自评分	小组评分	教师评分
1	标题	5分			
2	主题阐述	20分			
3	结构说明	10分			
4	结构中各因素用意	10分			
5	结构图示	10分			
6	动态演示程序介绍	20分			
7	奉茶礼仪语	10分			
8	结束语	5分			
9	作者署名	5分			
10	统计文案字数	5分			
	合 计	100分			

【知识链接】

一、茶席设计文案

茶席设计文案，是以图、文结合的手段，对茶席设计作品进行主观反映的一种表达方式。茶席设计文案作为一种记录形式，有一定的资料价值，可留档保存，以备后用。同时，作为一种设计理念、设计方法的说明、传递形式，它又可在艺术创作展览、比赛、专业学校设计考核等活动中发挥参考、借鉴的作用。

二、茶艺表演的音乐特色

在茶艺表演中，如果背景音乐选择得恰当，品茶人不仅可以静心品茶，还可以与表演者、周围环境融为一体，更能引发品茶人对茶、对茶艺之美、对茶道精神、对人生的思考。在茶艺表演过程中，该如何来选用背景音乐呢？配乐是一门艺术，应从音乐的表现特点和茶艺的表演特征出发，根据不同的茶艺类别，结合茶具、茶境等相关因素，选择与其特点、主题相符的音乐。

1. 中国古典名曲

中国茶道要求在茶艺过程中播放的音乐应是为了促进人的自然精神的再发现、人文精神的再创造而精选的乐曲，衬托茶艺主要思想的充分展示，所选乐曲大多为我国的古典名曲，我国古典名曲幽雅美妙、韵味悠长，有一种令人回肠荡气、销魂摄魄之美。茶艺师要依据所表演茶艺的主题、类别、季节等，选择协调一致的乐曲进行表演。例如，反映月下美景的有《春江花月夜》、《月儿高》、《彩云追月》、《平湖秋月》等，反映思念之情的有《塞上曲》、《阳光三叠》、《远方的思念》等，传达花木之精神的有《梅花三弄》、《佩兰》、《雨中莲》、《听松》等。配乐还可以选用不同乐器的中国传统典名曲，经典笛曲《姑苏行》、《鹧鸪飞》，经典的古筝曲《渔舟唱晚》、《寒鸭戏水》，江南丝竹音乐《行街》、《欢乐歌》、《中花六板》，编钟曲《楚商》，古琴曲《流水》、《梅花三弄》、《潇湘水云》，二胡曲《二泉映月》等。

2. 近代作曲家为品茶而谱写的音乐

近代作曲家专门为品茶而谱写的音乐有《清香水云间》、《闲情听茶》、《香飘水云间》、《桂花龙井》、《清香满山月》、《乌龙八仙》、《听壶》、《一筐茶叶一筐歌》、《奉茶》、《幽兰》、《竹乐奏》等。茶艺表演以及一些茶艺馆中使用的背景音乐大多是自然之声，如溪水潺潺，泉水淙淙，小桥流水，风吹竹林，雨打芭蕉等。这些宁静悠远的天籁之音，让品茗者感受到杯中的茶叶时而像受惊的大雁之群，时而如雨水打下的落花纷飞，身心接收到的是一种久未有过的惬意。音乐牵动茶人、回归自然，促进人与茶、人与自然的交流。

三、茶艺表演的音乐选配

茶艺表演应根据各类茶的茶性及其表现形式来选择不同的背景音乐进行表演，使音乐与茶艺相得益彰，更好的烘托茶艺的主题和内涵。

1. 绿茶茶艺音乐

我国绿茶生产历史最久，品种最多，外观造型千姿百态，香气、滋味各其特色，可谓"色绿、香幽、味醇、形美"。绿茶使用的茶具主要是玻璃、青瓷、白瓷，并经常以绿色植物作为搭配。因此绿茶最大限度地表现了宁静致远的民族性格，绿茶的品质及其品饮氛围具有"顺应自然、贴近自然"的特征。绿茶茶艺表演的形式以明快、简捷为主，表演者动作快慢有序、柔和动人，在选择绿茶茶艺的背景音乐时，要注意音乐的素雅与明快感，节奏要快慢分明。在古代乐器中，古筝能够模仿出舒缓或跳动的流水之声，音色清澈，笛声音色圆润而淳厚，能够表现出行云流水之意，可以选择笛声与古筝曲相结合的方式来显现绿茶茶艺表演的特点。如在表演西湖龙井茶艺时若选用古筝曲浙派《高山流水》最能体现西湖龙井的别样韵味和到此寻觅知音的感情色彩。此曲描绘了晚风轻拂、水波荡漾、皓月幽静的西湖美景，品龙井，听此曲，西湖湖光山色的美景让你浮想联翩。

2. 青茶茶艺音乐

青茶（乌龙茶）是六大茶类中加工工艺最复杂、茶叶风味最独特、香气滋味变化最丰富、茶具及茶艺表演最讲究的一种茶，以铁观音和武夷岩茶最为有名。乌龙茶不重外形，以独特的香气和滋味见长，使用的茶具主要是紫砂茶具，因此，乌龙茶给人以沉稳、成熟、端庄、意蕴悠远的感受。乌龙茶茶艺表演应注重突出乌龙茶的幽静而凝香，让品茶者在品茶的同时，聆听美妙的音乐，思想神游在茶乡风光中，感受独特的茶乡风味。因此在乌龙茶茶艺过程中宜选用编钟、古琴、箫、二胡等乐器演奏的音乐作为配乐是比较合适的。《春江花月夜》、《柳青娘》、《寒鸦戏水》、《蕉窗夜雨》等筝曲曲调优美，可让品茶者在品茶中感受到中国古典音乐之美。茶味随着音乐的起伏会更沉更香、更深更远。清风明月、山川云雾、至交故友，浸在茶中、醉在乐中。

3. 红茶茶艺音乐

红茶具有"干茶色泽乌黑，汤色红艳明亮，滋味浓强"的特点。红茶茶性温和、滋味醇厚，广效能容，具有极好的兼容性。由于红茶不以外形见长，所以使用的茶具多是瓷质的茶壶和茶杯。细腻的白瓷能够很好地展现红茶茶汤的"红艳"。功夫红茶为中国特有，云南滇红、九曲红梅和祁门红茶都较为出名。在功夫红茶茶艺配乐中，可选用表现梅花高洁品格的古琴曲《梅花三弄》作为背景音乐，此曲借景抒怀，曲调优美平缓，表现了梅花犹如苍松般挺拔、翠竹般坚韧，天生傲骨、不畏严寒的品格，整体的主调优美平缓，但主题在不同的曲段中重复三次，品茗者在乐曲前半部分的平缓的曲调中可以品味到茶中无可言喻的悠长韵味，在后半部分的高亢的曲调中可以感受到舌尖的茶味随着音乐的起伏更深更远，更长更香。工夫红茶外形纤秀、色泽红艳、香气甜醇，好比红梅傲雪、暗香浮动，正好体现"红茶乃茶中之梅"之喻。

品饮西式红茶，可以选择音色较为柔和的钢琴、小提琴、萨克斯等西洋乐器演奏的高雅恬静背景音乐。西方圆舞曲也是能体现西式红茶的精髓的音乐之一，如《蓝色多瑙河》、《春之声》、《维也纳森林的故事》、《天鹅湖》等，能使品茶者心神宁静，仿佛置身于西式温馨浪漫的饮茶环境中。

4. 花茶茶艺音乐

花茶融茶之韵和花之香于一体，色泽黄绿尚润。香气鲜灵浓郁，汤色浅黄明亮，叶底细嫩匀亮。花茶多是烘青茶胚加入香花窨制而成，通过"引花香、增茶味"，使花香茶味珠联璧合、相得益彰。花茶品饮的整体氛围是:活泼、生活化。鉴于花茶茶艺的这些特点。

在演绎花茶茶艺过程中，最好能选用琵琶、古筝等弹拨类乐器演奏的音乐。花茶以茉莉花茶最为常见，配乐可选古筝名曲《茉莉芬芳》，此曲赞美了茉莉花的洁白无瑕和芳香扑鼻，曲调清新流畅，具有浓郁的江南水乡色彩。品茉莉花茶，听《茉莉芬芳》，让人陶醉在茉莉花香之中。

5. 其他茶艺音乐

黄茶中以产于湖南岳阳君山的君山银针最为有名，芽头肥壮挺直、色泽金黄光亮、香气清纯，冲泡后芽尖或冉冉上升，或徐徐缓下，沉入杯底，如群笋出土，银刀直立。配乐选用古筝曲《洞庭新歌》最能体现此茶产地的文化底蕴，优美的曲调更能凸显出黄茶的轻盈活泼及其爽朗清鲜的特点。

云南的普洱茶色艳、香浓、味醇、形美，品普洱，赏古筝曲《铁马吟》则是最佳的选择。此曲曲调悠扬平缓，模仿马蹄声声的音乐，能够让品茶者联想到茶马古道的险峻和无限的风光，既能在味觉上又能在听觉上感受滇文化。清幽的环境，古雅的音乐，都与茶文化的雅趣相符合，茶与音乐相得益彰，使通常的煎水瀹茗达到了精神品饮和艺术享受的境界。茶艺表演时所配音乐要柔和自然，以使观众感到轻松、愉悦，从而提升茶的内涵。

四、茶席设计展、演中背景音乐曲目推荐

1）丛林声：Where is the love（哪里是爱）

2）田园声：Every breath in take（带着每一次呼吸）

3）古筝曲：

高山流水	汉宫秋月	出水莲	月儿高
渔舟唱晚	寒鸭戏水	将军令	一枝梅
花好月圆	平湖秋月	西江月	昭君怨
禅院钟声	梅花三弄	凤凰台	绵城春
东海渔歌	雪山春晓	关山月	秦桑曲
香山射鼓	妆台秋思	汉江韵	蝶恋花
翡翠澄潭	秋水龙吟	西厢词	鸟投林
士古苏行	行云流水	落花天	粉红莲
醉翁捞月	蕉窗夜雨	大浪淘沙	双凤朝阳
彩云追月	春江花月夜	孔雀东南飞	

4）古琴曲：

潇湘水云	广陵散	长门怨	捣衣
平沙落雁	渔樵问答	流水	矣乃

5）唢呐曲：

山东琴书	木兰从军	哈哈腔	越调英
百鸟朝凤	抬花轿	打枣儿	喜迎春
月牙五更	凤阳鼓	入洞房	一枝花
豫西二八板	怀乡曲	黄土情	全家福
正月十五闹花灯	凤阳歌与后八板	六字开门令	

6）编钟曲：

楚辞	慷歌	哀郢	关雎
云	楚风	黄鸟	橘颂
澹月映鱼	越人歌	霓裳曲	行街
敦煌唐人舞	荆楚雄风		

7）丝竹合奏曲：

茉莉花	二泉映月	春江花月夜	海青
采茶谣	彩云追月	孔雀东南飞	奉茶

中花六板	娱乐升平	花好月圆	指间香
双凤朝阳	摘芽童心	香凝绿林	思想起

8）鼓乐：黄河激浪　　　秦王点兵　　　将鼓独奏　　　日本太鼓

9）少数民族乐曲：瑶每行　唱遍山月　　　春芽　　　　阿细跳月
　　　　　　　　花儿曲　　苗岭春色　　　赛马　　　　竹林深处
　　　　　　　　金顶颂　　草原情歌　　　摇风

10）佛教音乐：心经曲　　念佛心音　　　戒定真香　　　梵音大悲咒
　　　　　　　水洛因　　菩萨心

11）道教音乐：三奠茶　　玉芙蓉　　　　风入松　　　　迎仙客
　　　　　　　步虚

12）外国音乐：樱花曲　　白色圣诞　　　永浴爱河　　　奇迹
　　　　　　　春风　　　孤独　　　　　故乡　　　　　`回家

模块 ❸

泡 茶 技 艺

通过本模块的学习与训练，使学生掌握绿茶、白茶、黄茶、青茶、黑茶、红茶及花茶的基本冲泡程序；熟悉不同茶具与茶类冲泡的技法要领、行茶方法；掌握泡茶技术的五要素；熟悉茶的组成成分与保健功效，了解日常饮茶的注意事项；熟悉我国古代著名的茶书，理解儒、释、道与茶的关系。

项目十四 绿 茶 冲 泡

【学习目标】

1. 掌握玻璃杯冲泡法的基本手法及基本程序。
2. 熟悉茶叶的组成成分与保健功效。

【关 键 词】

温杯、投茶方式、润茶、凤凰三点头。

【预习思考】

1. 为什么冲泡绿茶的水温不能过高？置茶时该如何选择投茶方式？
2. 茶有哪些保健功效？

【实训流程】

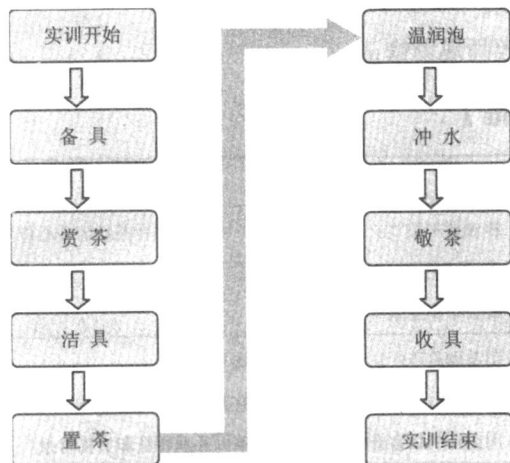

【实训时间】

实训授课 2 学时，共计 90 分钟，其中教师示范讲解 30 分钟，学生练习 50 分钟，教师点评、考核 10 分钟。

【实训要求】

能掌握规范、得体的操作流程及典雅、大方的动作要领，并能自纠错误，熟练操作。

【实训器具】

绿茶茶艺用具清单

茶具名称	规格	单套数量
茶艺台、凳	高 730 毫米×长 1500 毫米×宽 530 毫米；凳高 410 毫米	1
玻璃杯	规格：222 毫升；高度：14.0 厘米；直径：6 厘米	3
白瓷茶荷	10.5 厘米×8 厘米	1
煮水壶	规格：0.6 升；高度：15 厘米；直径：13 厘米	1
白瓷杯洗	最大处直径：14.5 厘米	1
茶巾	28.5 厘米×28.5 厘米	1
茶叶罐	高度：9 厘米；直径：5.5 厘米	1
茶道组	12 厘米×5.5 厘米	1
奉茶盘	29.5 厘米×19 厘米	1
绿茶	西湖龙井、黄山毛峰、碧螺春	适量

【实训方法】

1．教师示范讲解。
2．学生操作，教师现场修正。

【实训步骤与操作标准】

步　骤	操　作　标　准
备具	① 将玻璃杯按"一"字形或"品"字形摆放在茶盘的中心位置； ② 将烧开的水倒入开水壶中凉汤备用； ③ 将茶巾折叠整齐备用
赏茶	① 用茶匙将茶叶从茶叶罐中轻轻拨入茶荷； ② 将茶荷双手捧起，送至客人面前请客人欣赏干茶外形及香气； ③ 用简短的语言介绍即将冲泡的茶叶品质特征和文化背景
洁具	① 将水注入杯中 1/3，三杯水量要均匀，注水时采用逆时针悬壶手法； ② 左手伸平，掌心微凹，右手端杯底，将水杯平放在左手上，双手向前搓动，用滚杯的手法将水倒入水方
置茶	绿茶的投茶方式有三种，上投法、中投法、下投法。 ① 上投法：将水注入杯中七分满，将干茶轻轻拨入已经冲水的玻璃杯中，每 50 毫升水用茶 1 克； ② 中投法：将水注入杯中 1/3，将干茶拨入已冲水的玻璃杯；每 50 毫升水用茶 1 克； ③ 下投法：将干茶轻轻拨入杯中，每 50 毫升水用茶 1 克； ④ 动作要领：左手拿茶荷，右手拿茶匙，两手放松呈兰花状，动作不急不缓，避免将茶叶洒在杯外
温润泡	① 将开水壶中降了温的水倾入杯中 1/3，注意开水注入时不要直接浇在茶叶上，应打在玻璃杯的内壁上，以免烫坏茶叶； ② 左手托杯底，右手扶杯身，以逆时针的方向回旋三圈，使茶叶充分浸润； ③ 此泡时间掌握在 15 秒
冲水	① 用"凤凰三点头"的手法高冲注水； ② 操作要领：右手提开水壶有节奏地由低向高反复点三下，使茶壶三起三落而水流并不间断，水量控制在杯子的七分满，使开水充分激荡茶叶，加速茶叶中有益物质的溶出
敬茶	① 右手轻握杯身（注意不要捏杯口），左手托杯底，双手将茶送到客人面前，放在方便客人提取品饮的位置； ② 茶放好后，向客人伸出右手，做出"请"的手势，或说声"请品茶"
收具	① 当客人杯中茶水余 1/3 时，需要及时续水； ② 绿茶冲泡次数通常为三泡，第四泡茶味就似白开水了； ③ 将客人不再使用的杯子清洗干净，整齐摆放在茶盘上，用茶巾将茶盘擦拭干净

【综合测试】

考核评分表

班级：　　　　　　姓名：　　　　　　　　　　　　　　　　　考核时间：　　年　　月　　日

序号	测试内容	得分标准	应得分	自评分	小组互评分	教师评分
1	备具	物品准备齐全，摆放整齐，具有美感，便于操作	10分			
2	赏茶	取茶动作轻缓，不掉渣，语言介绍生动、简洁	10分			
3	洁具	水量均匀，逆时针回旋	10分			
4	置茶	选择合适的投茶方式，投茶量把握正确	10分			
5	温润泡	注水量均匀，水流沿杯壁下落，润茶的动作美观	20分			
6	冲水	茶壶三起三落，水流不间断，水量控制均匀	20分			
7	敬茶	双手奉出，不碰杯口，使用礼貌用语	10分			
8	收具	续水及时，茶具摆放整齐	10分			
	合　计		100分			

【知识链接】

一、茶叶组成成分

茶叶里面的成分有600多种，相互之间的关系也极其复杂，其中具有营养功能的成分主要是维生素、氨基酸、矿物质等。

		水　分		75%～78%
茶叶		无机物 3.5%～7.0%	水溶性部分	2%～4%
			水不溶性部分	1.5%～3%
	干物质 22%～25%	有机物 93%～96.5%	蛋白质	20%～30%。主要是谷蛋白、白蛋白、球蛋白、精蛋白
			氨基酸	1%～4%。已发现26种，主要是茶氨酸、天门冬氨酸、谷氨酸
			生物碱	3%～5%。主要是咖啡碱、茶叶碱、可可碱
			茶多酚	18%～36%。主要是儿茶素，占总量的70%以上
			酶	主要是还原酶、水解酶、磷酸酶、裂解酶、同分异构酶

续表

茶叶		水　　分		75%～78%
	干物质 22%～25%	有机物 93%～96.5%	碳水化合物	20%～25%。主要是纤维素、果胶、淀粉、葡萄糖、果糖
			有机酸	约3%。主要是苹果酸、柠檬酸、草酸、脂肪酸
			类脂	约8%。主要是脂肪、磷脂、甘油酯、硫酯和糖脂
			色素	约1%。主要是叶绿素、胡萝卜素、叶黄素、花青素类
			香气成分	0.005%～0.03%。主要是醇类、醛类、酸类、酮类、脂类、内酯
			维生素	0.06%～0.1%。主要是维生素C、维生素A、维生素E、维生素D、维生素B1、维生素B2、维生素B6、维生素K、维生素H
			皂苷类	0.07%～0.1%
			甾醇	0.04%～0.1%

1. 维生素

茶叶中维生素的含量比较多，可分为两大类：水溶性维生素和脂溶性维生素。脂溶性维生素（如维生素A、维生素D、维生素E、维生素K）在茶汤中的溶解很有限，较多的还是水溶性的维生素B和维生素C。

茶叶中含有丰富的维生素C，通常每百克茶叶中含有100～500毫克维生素C，比柠檬、番茄等含量都要高得多，人体每天只需60毫克维生素C，即每天喝上3～5杯茶就可以满足。维生素C对人体有多种功效，能防治坏血病，增强抵抗力，还有辅助抗癌和防治动脉硬化的功效。

茶叶中还有丰富的B族维生素，如维生素B_1（硫胺素）、维生素B_2（核黄素）、维生素B_3（泛酸）、维生素B_5（烟酸）、维生素B_{11}（叶酸）等。其中以维生素B_2最重要，缺乏它会引起代谢的紊乱及口舌疾病。

茶叶中还含有较多维生素P类物质，即茶叶中大量存在的茶多酚，其含量为10%～20%，它能维持微血管的正常透性，增强韧性，对于防治人体血管硬化和高血压有着积极作用。

这些维生素都可以溶解于水中，茶叶冲泡10分钟后，80%可以浸出在茶汤中为人体利用。茶叶中还含有较多的维生素A、维生素E、维生素K，它们难溶于水。维生素E能促进人体生殖机能的正常发育，有防衰老的功效。维生素K有止血的作用。只有把茶叶吃下，它们才能被人体吸收。

2. 氨基酸

茶叶中含有1%～4%的多种氨基酸，特别是茶氨酸为茶叶所特有，其他的还有赖氨酸、胱氨酸、天门冬氨酸、组氨酸、精氨酸等，它们对防止早衰，促进生长和智力发育，增强造血功能，有着重要作用。

3. 矿物质

茶叶中含有 4%～7% 的无机物，多半能溶于热水而被人体吸收利用。其中主要有钾、磷盐、钙、镁、铁、锰、铝、锌、钠、硼、硫、氟等，这些无机盐对维持人体内的平衡有重要意义。钾是人体细胞内液的主要成分，人若出汗过多引起人体细胞缺钾，会造成人体虚弱，饮茶可以弥补。氟有保护牙齿、防治龋齿的作用。锰可以防止生殖机能紊乱和惊厥抽搐。锌可以促进儿童生长发育，还可以防止心肌梗死。铁能增强造血功能，防止贫血。

4. 碳水化合物

茶叶中含有 25% 左右的碳水化合物，但多数是不溶于水的多糖类，能溶于水的不超过 5%，所以茶叶属于低热量饮料，适合于糖尿病等忌糖者饮用。茶叶中还含有 2%～3% 的类脂，数量虽少，但为人体所必需。

二、茶的保健功效

随着现代科学技术的发展，人们对茶叶的研究不断深入，从而对茶叶与人体健康之间关系的认识也有了较大的发展。概括起来，茶叶对人体的保健功效主要表现在以下方面。

1. 兴奋提神

茶叶提神的作用主要是因为茶叶的咖啡因和黄烷醇类化合物的作用，它们能促进肾上腺体垂体的活动，阻止血液中儿茶酚的降解，此外还有诱导儿茶酚胺的生物合成的功效。儿茶酚胺具有促进兴奋的功能，对心血管系统有较大作用。茶还具益思的效用，人们在疲乏时喝茶，能刺激机能衰退的大脑中枢神经，使之由迟缓转为兴奋，集中精力，达到兴奋集思的效果。

2. 明目

人眼的晶体对维生素 C 的需要量比其他组织高，眼科专家认为，维生素 C 摄入量不足，易导致晶状体混浊而患白内障。茶叶中含有丰富的维生素 C，尤其是绿茶含量更高。因此，多饮绿茶有助于保护眼睛。

3. 消炎灭菌

茶叶中的儿茶素类化合物对伤寒杆菌、副伤寒杆菌、黄色溶血性葡萄球菌、痢疾等多种病原细菌具有明显的抑制作用。在各种茶叶中，以儿茶素类化合物含量最高的绿茶灭菌活性最高，而且茶的级别越高，其活性也越强。

4. 降低血压

俄罗斯通过临床试验证明，用高浓度茶叶中的儿茶素可以降低血压。同时，多喝绿茶对易致中风和血管淤塞的人是有益的，因为它可以使血管保持弹性，消除脉管痉挛，具有防止血管破裂的功效。茶叶中的咖啡因和儿茶素能使血管壁松弛，增加血管的有效直径，通过血管舒张而使血压下降。

5. 降血脂和抗动脉粥样硬化

血栓形成是由于血小板团块在静脉和动脉的管壁附着，并通过凝血酶的作用使血小板聚集。因此，抑制血小板聚集是防治动脉血栓形成的关键。实验证明，茶叶中的儿茶素类、茶黄素、茶红素具有抗血小板聚集、血液抗凝和促进纤溶的作用。茶叶既可以抑制动物细胞对脂质的吸收，又可以加速清除或分解进入主动脉壁的脂质。

6. 降血糖和对糖尿病的疗效

日本曾用茶叶除去咖啡因后制成一种治疗糖尿病的药物，其效果与胰岛素相仿。茶叶中的维生素 C、维生素 B_1，能促进动物体内糖分的代谢，患先天性糖尿病的患者可常饮绿茶作为辅助疗法之一，正常人常饮绿茶可以预防糖尿病的发生。

7. 对重金属毒害的解毒作用

实验证明，茶叶中的茶多酚对重金属具有较强的吸附作用。有些国家提倡多喝茶以减轻水和食品中重金属对人体的毒害作用。

8. 防辐射作用

茶叶中的多酚类化合物具有吸收放射性锶并阻止其扩散的作用，饮用足够数量的浓绿茶，可以使生物体内积累的锶数量明显低于允许水平。我国进行的研究表明，癌症患者进行辐射照射后白细胞数量明显下降，饮用浓绿茶可使白细胞数量增加，效果可达 90%。

9. 抗衰老

人们服用具有抗氧化作用的化合物，如维生素 C 和维生素 E，能起到增强抵抗力、延缓衰老的作用。茶叶中的儿茶素类化合物抗衰老的作用更强。

10. 减轻吸烟对人体的毒害

我国的研究证明，绿茶提取物可以抑制香烟烟雾提取物的诱导畸变。在过滤嘴中加入茶叶提取物对降低烟雾中有害成分的尝试，在国内外均获成功。因此，吸烟者多饮茶，对减轻香烟的危害是有益的。

11. 醒酒

饮酒时或饮酒后喝几杯较浓的绿茶或乌龙茶，一方面可以补充维生素 C，保证肝脏对酒精的水解，防止出现酒精中毒；另一方面茶叶中的咖啡因具有利尿作用，能加快酒精排出体外的过程。酒醉者往往因为大脑神经呈现麻痹状态而产生头痛、头晕和身体机能不协调的现象，喝茶可以刺激麻痹的大脑神经中枢，有效促进代谢，发挥醒酒的效能。

12. 抗癌、抗突变

关于茶叶的抗癌作用，从 20 世纪 70 年代后期起，世界各国的科学家围绕这个问题进行了大量研究。研究认为：茶叶鲜叶提取液、绿茶提取液、儿茶素——铝络合物、绿茶热水浸出液的乙醚萃取液、绿茶中的茶多酚类化合物、儿茶素类化合物等，都有抗癌活性，而且兼具抑制引发和促成两种作用。大量的实验结果肯定了茶叶的抗癌抗突变作用，对人体致癌性亚硝基化合物的形成有阻断作用。

除以上功效外，茶叶还具有利尿、止痢、预防便秘、防龋齿、助消化等功效。茶还可以作为预防胆结石、肾结石、膀胱结石形成的药物，可以作为人体铜和铁的重要来源。茶还可以保护黏膜，预防牙床出血、水肿、眼底出血和甲状腺功能亢进等。

三、职业环境、工作岗位与喝茶

适应人群	茶　类	适应理由
电脑工作者	各种茶类，绿茶优，茶多酚片	抗辐射
脑力劳动者、飞行员、驾驶员、运动员、广播员、演员、歌唱家	各种茶类，绿茶优，茶多酚片	提高大脑灵敏程度、保持头脑清醒、精力充沛
运动量小、易于肥胖的职业	绿茶、普洱生茶、乌龙茶、茶多酚片	去油腻、解内毒、降血脂
经常接触有毒物质的人	绿茶、普洱茶、茶多酚片	保健效果较佳
采矿工人、作射线透视的医生、长时间看电视者和打印复印工作者	各种茶类，绿茶优，茶多酚片	抗辐射
吸烟者和被动吸烟者	各种茶类、茶多酚片	解烟毒

项目十五　白茶冲泡

【学习目标】

1. 掌握盖碗冲泡法的基本手法及基本程序。
2. 掌握泡茶的 5 个要素。

【关 键 词】

温杯、回笼、润茶、高冲。

【预习思考】

1. 白茶的保健功效有哪些？白茶的冲泡技法有哪些？
2. 试述泡茶的 5 个要素。

【实训流程】

```
实训开始 ──────────────▶ 回 笼
   │                      │
   ▼                      ▼
  备 具                  分 杯
   │                      │
   ▼                      ▼
  赏 茶                  敬 茶
   │                      │
   ▼                      ▼
  温 杯                  收 具
   │                      │
   ▼                      ▼
  置 茶                 实训结束
   │
   ▼
  冲 水 ─────────────────┘
```

【实训时间】

实训授课 2 学时，共计 90 分钟，其中教师示范讲解 30 分钟，学生练习 50 分钟，教师点评、考核 10 分钟。

【实训要求】

能掌握规范、得体的操作流程及典雅、大方的动作要领，并能自纠错误，熟练操作。

【实训器具】

白茶茶艺用具清单

茶 具 名 称	规　　格	单套数量
茶艺台、凳	高 730 毫米×长 1500 毫米×宽 530 毫米；凳高 410 毫米	1

茶具名称	规格	单套数量
盖碗	容量：140毫升；高度：5厘米；最大宽处宽度：9.5厘米	1
白瓷杯	高度：3厘米；宽度：5厘米	3
白瓷茶荷	10.5厘米×8厘米	1
茶滤	高度：4厘米；最大宽处宽度：6厘米	1
煮水壶	规格：0.6升；高度：15厘米；直径：13厘米	1
白瓷杯洗	最大处直径：14.5厘米	1
茶巾	28.5厘米×28.5厘米	1
茶叶罐	高度：9厘米 直径：5.5厘米	1
茶道组	12厘米×5.5厘米	1
奉茶盘	29.5厘米×19厘米	1
白茶	白毫银针、白牡丹	适量

【实训方法】

1. 教师示范讲解。
2. 学生操作，教师现场修正。

【实训步骤与操作要求】

步骤	操作标准
备具	① 将烧开的水倒入开水壶中凉汤备用； ② 将茶巾折叠整齐备用
赏茶	① 用茶匙将茶叶从茶叶罐中轻轻拨入茶荷； ② 将茶荷双手捧起，送至客人面前请客人欣赏干茶外形及香气； ③ 用简短的语言介绍即将冲泡的茶叶品质特征和文化背景
温杯	① 将杯盖斜靠在杯托上，注入少量热水； ② 盖上杯盖，转动盖杯温烫杯身
置茶	将茶叶拨入盖碗中，投茶量为每50毫升水用茶1克
冲水	① 水温为90℃； ② 右手提壶，用高冲水的手法注水至盖碗的七分满
回笼	① 盖上碗盖，左手托杯底，右手扶杯身，以逆时针的方向回旋三圈，使茶叶充分浸润； ② 此泡时间掌握在5秒左右，将茶汤斟入公道杯中； ③ 茶汤再由公道杯斟入盖碗，此泡时间控制在15秒左右
分杯	① 茶汤由盖碗注入公道杯； ② 再由公道杯均匀茶汤，分入品茗杯
敬茶	双手持杯托将茶奉给客人
收具	将客人不再使用的杯子清洗干净，整齐摆放在茶盘上，用茶巾将茶盘擦拭干净

【综合测试】

考核评分表

班级：　　　　　姓名：　　　　　　　　　　　　　　　　　　考核时间：　　　年　　月　　日

序号	测试内容	得分标准	应得分	自评分	小组互评分	教师评分
1	备具	物品准备齐全，摆放整齐，具有美感，便于操作	10 分			
2	赏茶	取茶动作轻缓，不掉渣，语言介绍生动、简洁	10 分			
3	洁具	水量均匀，逆时针回旋	10 分			
4	置茶	选择合适的投茶方式，投茶量把握正确	10 分			
5	冲水	茶壶三起三落，水流不间断，水量控制均匀	20 分			
6	回笼	注水量均匀，水流沿杯壁下落，回笼的动作美观	20 分			
7	敬茶	双手奉出，不碰杯口，使用礼貌用语	10 分			
8	收具	续水及时，茶具摆放整齐	10 分			
合计			100 分			

【知识链接】

泡茶五要素

泡茶五要素包括以下几点。

1. 选择泡茶用水

人常说"水为茶之母，器为茶之父"，可见水对茶的重要作用。明代张大复在《梅花草堂笔谈》中讲得更为透彻："茶性必发于水，八分之茶，遇十分之水，茶亦十分矣；八分之水试十分之茶，茶只八分耳。"这说明水质直接影响到茶质，泡茶水质的好坏影响到茶的色、香、味的优劣。

（1）茶与水质的关系

影响茶汤品质的主要因素是水的硬度。含有较多的钙、镁离子（其指标含量为 8 毫克/升以上者）的水称为硬水；反之，含有少量的钙、镁离子（其指标含量为 8 毫克/升以下者）的水称为软水。水的硬度影响茶叶中有效成分的溶解，软水中含有其他溶质少，茶叶中有效成分的溶解度就高，口味较浓；而硬水中有较多的钙、镁离子和矿物质，茶叶中有效成分的溶解度就低，故茶味较淡。因此，以软水泡茶，汤色明亮，香味俱佳；硬水本身即有苦涩味，以硬水泡茶易使茶叶中某些化学成分氧化和缩合，导致茶汤变色，失去鲜爽味道。硬水中的铁离子如果大于 0.05%，与茶多酚结合，茶汤即变黑褐色，上浮一层铁镜，又称"锈油"，口感涩味，无法饮用。

（2）现代人对泡茶用水的选择

1）自来水。自来水是最常见的生活饮用水，属于加工处理后的天然水，为暂时硬水，因其含有较多的氯，饮用前需置清洁容器中 1～2 天，让氯气挥发，然后煮开用于泡茶，水质还是可以达到要求的。

2）纯净水。蒸馏水、太空水的合称，是一种安全无害的软水，其纯度高，不含任何添加物，可直接饮用。用纯净水泡茶，其效果较好。

3）矿泉水。饮用天然矿泉水是含有一定量的矿物盐、微量元素或二氧化碳气体的水，与纯净水相比，矿泉水含有丰富的锂、锶、锌、溴、碘、硒和偏硅酸等多种微量元素，饮用矿泉水有助于调节肌体的酸碱平衡。若矿泉水含有较多的钙、镁、钠等金属离子，则是永久性硬水，即使营养丰富，用于泡茶效果也不佳。

4）活性水。活性水包括磁化水、矿化水、离子水、生态水等，是自来水经加工处理而成，具有特定的活性功能和营养性功效。由于各种活性水内含微量元素和矿物质成分各异，如果水质较硬，泡出的茶水品质较差；如果属于暂时硬水，泡出的茶水品质较好。

5）净化水。净化水是通过净化器对自来水进行二次终端过滤处理制得，使自来水的水质有所提高。用净化水泡茶，其茶汤品质相当不错。

6）天然水。天然水包括河水、湖水、泉水、井水及雨水等。用这些天然水泡茶应注意水源、环境、气候等因素。在天然水中，泉水是最理想的泡茶用水，杂质少，透明度高，污染少，虽属暂时硬水，加热后，呈酸性碳酸盐状态的矿物质被分解，口感特别微妙，泉水泡茶，甘冽清香具备。然而，也不是所有的泉水都适宜泡茶，如含有硫黄的泉水不能饮用。另外，不少深井水为永久性硬水，也不宜泡茶。

（3）如何处理泡茶用水

"名水、名泉衬名茶"是自古以来茶人的愿望，但天下如此之大，哪能处处有佳泉。因此，应学会处理泡茶用水。

处理泡茶用水的方法如下。

1）过滤法。用滤水器将自来水过滤后再来冲泡茶叶。

2）澄清法。将水在陶缸或容器中经一昼夜澄静和挥发，水质较理想。

3）煮沸法。自来水煮开后，将壶盖打开，让水中消毒药味挥发掉，但泡茶用水不宜滚太久，否则水中其他矿物质也挥发掉，泡出的茶就不理想了。

2. 置茶量

泡茶技术的第二要素就是茶叶用量，也就是每一杯或每壶茶水需置茶多少最宜。由于茶类及饮茶习惯、爱好不尽相同，不可能要求每人都按照统一的标准去做，但是，一般而言，标准置茶量是以 1 克茶叶搭配 50 毫升的水。现代评茶师品茶就是按此标准：3 克茶叶兑 150 毫升水，冲泡 5 分钟。当然也可依个人口感喜好而增减置茶量。这一标准，相当于个人品茗用的中型盖杯或玻璃杯，而这种茶具更适合泡饮绿茶和花茶等。泡乌龙茶如果也用盖杯或玻璃杯，也可参考此标准。

如果使用工夫泡茶法冲半发酵之乌龙茶，一般置茶量如下：

1）生茶（发酵最轻）：茶叶置放量为紫砂壶的 2/3 或 3/4；如条形包种或阿里山茶等；

2）半熟茶（发酵轻）：茶叶置放量为紫砂壶的 1/2 或 2/3，如台湾冻顶乌龙或高山茶；

3）熟茶（发酵较重）：茶叶置放量为紫砂壶的 1/3 或 1/2；如东方美人或大红袍等。

上述置茶量为一般性标准，品茗时，则依个人习惯酌情增减，具体原则为：习惯品浓茶者，置茶量稍加，反之则稍减；优等级茶叶，置茶量稍减，反之则增加；用茶量多，浸泡时间应相对缩短；同时增加冲泡次数。

3. 泡茶水温

所谓泡茶水温，是指将水烧开之后，再让其冷却到所需的温度。若是无菌的生水，只要烧到所需的水温就可以了。一般来说，泡茶水温的高低与茶中可溶于水的浸出物的浸出速度相关。水温越高，浸出速度越快，在相同的冲泡时间内，茶汤的滋味也就越浓。反之，水温越低，浸出速度越慢，茶汤的滋味也相对越淡。

古人对泡茶水温就十分讲究，有"三沸"之说：一沸，如蟹眼鱼目，由壶中窜起，有"滴滴"微响时；二沸，待缘边如泉涌，且气泡连珠而出时；三沸，水在壶中如腾波鼓浪。水过"三沸"，则认为汤已过老，不能使用。古人特别强调的是泡茶烧水要大火急沸，不要文火慢煮。以水过"二沸"泡茶最宜，水过"三沸"则水老矣。这些说法在现代仍有借鉴意义。

至于泡茶水温以多高为宜，则要根据茶叶的老嫩、松紧、大小等情况来确定。粗老、紧实、叶大的茶叶，其冲泡水温要比细嫩、松散、叶碎的茶叶高。具体有三种情况。

第一种情况：低温泡茶，水温在 80℃左右。

适合冲泡名优高档绿茶，如龙井、信阳毛尖、碧螺春等。这种水温泡出的茶，汤色清澈，香气醇正，滋味鲜爽，叶底明亮。如水温过高，汤色则易变黄，维生素 C 等有益成分遭破坏，而咖啡因、茶多酚很快浸出，又使茶汤产生苦涩之味；反之，水温过低，有益成分难以浸出，茶味淡薄。

第二种情况：中温泡茶，水温在 90℃左右。

适合冲泡大宗绿茶、花茶、轻发酵乌龙茶及某些烘青类绿茶。这些茶叶尽管对使用中水温的要求上有点差别，但可根据具体情况掌握。

第三种情况：高温泡茶，水温在 95℃以上。

适合冲泡乌龙茶、普洱茶和沱茶等。由于这些茶原料不细嫩，加之用茶量较大，所以须用沸腾的开水冲泡。至于有些紧压砖茶，则需要先将砖茶敲碎，放在壶中煎煮。

4. 冲泡时间

茶叶的冲泡时间与茶叶的种类、泡茶水温、置茶量和饮茶习惯等都有关系，不可一概而论。

一般而言，茶的滋味是随着冲泡时间延长而逐渐增浓的。据测定，用沸水泡茶，首先浸出来的是咖啡因、维生素、氨基酸等，大约到 3 分钟时，浸出物浓度最佳，这时饮起来，茶汤有鲜爽醇和之感，但缺少饮茶者需要的刺激味。以后，随着时间的增加，茶多酚等浸出物含量逐渐增加。因此，为了获取一杯鲜爽甘醇的茶汤，对大宗红、绿茶而言，头泡茶以冲泡后 3 分钟左右饮用为好。至于冲泡乌龙茶，品饮时多用小型紫砂壶，用茶量也较大。因此，第一泡 1 分钟就应该把茶汤倾入杯中，开始品用。自第二泡开始，每次应比前一泡增加 15 秒左右。这样泡出的茶汤比较均匀。

总之，凡用茶量较大，水温偏高，或水量过多，茶叶较细嫩的，冲泡时间可相对缩短；反之，用茶量较小，水温偏低，或水量较少，茶叶较粗老，冲泡时间可相对延长。

5. 冲泡次数

一杯或一壶茶，究竟冲泡多少次最合适呢？据有关专家测定，茶叶中各种有效成分的浸出率是不一样的，最容易浸出的是氨基酸和维生素 C，其次是咖啡因、茶多酚和可溶性糖等。一般茶叶如绿茶冲泡第一次时，茶中的可溶性物质能浸出 50% 左右；冲泡第二次时能浸出 30% 左右；冲泡第三次时，能浸出约 10%；冲泡第四次时，只能浸出 2%～3%，这时再饮，茶味就类似于白开水了。所以，名优绿茶通常只能冲泡 2～3 次。至于大宗红、绿茶可连续冲泡 5～6 次，乌龙茶甚至更多，有"七泡有余香"之说；红茶中的袋泡红碎茶，冲泡一次就行了；白茶、黄茶一般也只能冲泡 2～3 次。

有些人泡一杯茶喝一天，是不可取的。据测定，茶叶冲泡时间过久，不但毫无滋味可言，茶叶中对人体有害的物质也可能被浸泡出来，饮用反而不妥。所以，一杯或一壶茶冲泡几次后应倒掉重泡。

项目十六　黄　茶　冲　泡

【学习目标】

1. 掌握黄茶冲泡法的基本手法及基本程序。
2. 了解我国古代著名的茶书。

【关键词】

温杯、摇香。

【预习思考】

1. 黄茶与绿茶茶性比较。

2．黄茶闷黄过程的起由。

【实训流程】

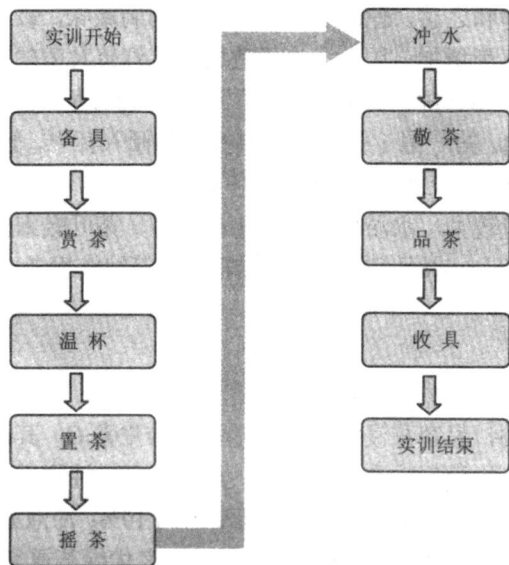

【实训时间】

实训授课 2 学时，共计 90 分钟，其中教师示范讲解 30 分钟，学生练习 50 分钟，教师点评、考核 10 分钟。

【实训要求】

能掌握规范、得体的操作流程及典雅、大方的动作要领，并能自纠错误，熟练操作。

【实训器具】

黄茶茶艺用具清单

茶具名称	规　　格	单套数量
茶艺台、凳	高 730 毫米×长 1500 毫米×宽 530 毫米；凳高 410 毫米	1
盖碗	容量：140 毫升；高度：5 厘米；最大宽处宽度：9.5 厘米	1
瓷杯	高度：3 厘米；宽度：5 厘米	3
茶荷	10.5 厘米×8 厘米	1
煮水壶	规格：0.6 升；高度：15 厘米；直径：13 厘米	1
杯洗	最大处直径：14.5 厘米	1

续表

茶 具 名 称	规　　　格	单 套 数 量
茶巾	28.5 厘米×28.5 厘米	1
茶叶罐	高度：9 厘米；直径：5.5 厘米	1
茶道组	12 厘米×5.5 厘米	1
奉茶盘	29.5 厘米×19 厘米	1
黄茶	君山银针	适量

【实训方法】

1. 教师示范讲解。
2. 学生操作，教师现场修正。

【实训步骤与操作要求】

步　　骤	操 作 标 准
备具	① 将盖碗与品茗杯按弧形摆放在茶盘的中心位置； ② 将烧开的水倒入开水壶中凉汤备用； ③ 将茶巾折叠整齐备用
赏茶	① 用茶匙将茶叶从茶叶罐中轻轻拨入茶荷； ② 将茶荷双手捧起，送至客人面前请客人欣赏干茶外形及香气； ③ 用简短的语言介绍即将冲泡的茶叶品质特征和文化背景
温杯	① 将杯盖斜靠在杯托上，注入少量热水； ② 盖上杯盖，转动盖杯温烫杯身
置茶	将茶叶拨入盖碗中，投茶量为每 50 毫升水用茶 1 克
摇茶	① 用单手或双手回旋冲泡法，依次向盖碗内注入约容量 1/4 的开水； ② 盖上碗盖，左手托杯底，右手扶杯盖，以逆时针的方向回旋三圈，使茶叶充分浸润； ③ 此泡时间掌握在 8 秒左右
冲水	① 揭盖； ② 右手提壶，用高冲水的手法注水至杯子的七分满
敬茶	双手持品茗杯托将茶奉给客人
品饮	三龙护鼎的手势端正品茗杯，送至鼻前闻香；分三口品饮

【综合测试】

考核评分表

班级：　　　　　　姓名：　　　　　　　　　　　　　　　　　考核时间：　　年　　月　　日

序号	测试内容	得分标准	应得分	自评分	小组互评分	教师评分
1	备 具	物品准备齐全，摆放整齐，具有美感，便于操作	10分			
2	赏 茶	取茶动作轻缓，不掉渣，语言介绍生动、简洁	10分			
3	洁 具	水量均匀，逆时针回旋	10分			
4	置 茶	选择合适的投茶方式，投茶量把握正确	10分			
5	摇 茶	注水量均匀，摇香动作美观	15分			
6	冲 水	茶壶三起三落，水流不间断，水量控制均匀	15分			
7	敬 茶	双手奉出，不碰杯口，使用礼貌用语	10分			
8	品 饮	动作优美，品饮得当	10分			
9	收 具	续水及时，茶具摆放整齐	10分			
		合　计	100分			

【知识链接】

我国古代著名的茶书

1.《茶经》

没有哪一本古代传承下来的茶书以"茶道"命名，但唐代陆羽所著《茶经》却以中国古文化特有的传统以"经"命名，足见其至高地位。《茶经》分为3卷10节，总共7000多字，这3卷10节总结了自先秦时代到唐代中叶2000多年间的茶事，全面系统地介绍了中国古代茶的演变，涵盖了茶从采摘、制作到饮用的全部过程，堪称一部关于茶的百科全书。《茶经》是世界上第一部有关茶的专著，问世以后不仅带动了当时的饮茶风尚，还极为深远地影响到了后世。在陆羽《茶经》的影响和倡导下，茶的饮用和茶叶文化，在我国进一步发展起来。《茶经》的具体内容如下。

上卷	一之源	茶的起源、名称、种类、产地和特性
	二之具	茶的采制工具及其使用方法
	三之造	采茶、制茶的程序
中卷	四之器	28种烹茶的器具
下卷	五之煮	煮茶的方法，品评各地的水质
	六之饮	回顾饮茶的历史，说明饮茶的方法
	七之事	辑录了古书中的茶事

续表

	八之出	把全国的茶叶产地分成八大区，并把每区出产的茶叶分成四个等级
下卷	九之略	在一定的条件下哪些工具和器皿可以省略，哪些方式可以简化
	十之图	把前述内容画下来，悬挂在墙壁上，让饮茶者一望而知，经常观赏

2.《大观茶论》

宋徽宗时期，茶文化兴盛，宋徽宗本人不仅嗜茶、爱茶，还对茶学有很深入的研究。他所撰写的《大观茶论》，是我国历史上唯一一部由皇帝撰写的茶书。《大观茶论》成书于大观元年（1107 年），全书共 20 篇，内容十分丰富，涉及面也颇为广泛，分为地产、天时、采择、蒸压、制造、鉴辨、白茶、罗碾、盏、筅、瓶、杓、水、点、味、香、色、藏焙、品名、外焙 20 个名目，对北宋时期蒸青团茶的产地、采制、烹试、品质、斗茶风俗等均有详细记述。自问世以来，《大观茶论》的影响力和传播力非常巨大，不仅积极促进了中国茶业的发展，同时极大地推进了中国茶文化的发展，使得宋代成为中国茶文化的重要时期。

3.《品茶要录》

《品茶要录》成书于宋代熙宁八年（1075 年）前后，为建安人黄儒所著。黄儒认为，有议论茶事者会著文讨论采制的得失、茶器之宜否、斗茶时的汤火，并将茶事书于绢绸之上，流传广远，却没有提到欣赏鉴别的标准。于是黄儒细究摘采制造时的得失，分为十说道出其中缺点，总名之为《品茶要录》。其行文高明洗练，所以世人非常爱好他的作品。

4.《茶疏》

《茶疏》写成于 1597 年，作者许次纾，明代钱塘人，他好学多问，嗜茶成癖。《茶疏》分为产茶、今古制法、采摘、炒茶、齐中制法、收藏等章。产茶这一章，完全摒弃前代的文献，而专门陈述当时的事；今古制法这一章，则批评宋代的团茶，反对茶叶混入香料以抬高茶价，以致丧失茶的真味；采摘这一章，详细记述了几种少见记载而又为人们所喜好的茶叶。可见，《茶疏》不但是明代茶书中最好的一本，而且在历代茶书中占有相当的地位，有较高的史料价值。

项目十七　青茶冲泡

【学习目标】

1. 掌握青茶冲泡的基本手法及基本程序。

2．了解儒、道、佛家与茶的关系。

【关键词】

醒香、闻香、投汤、禅茶一味、中庸仁礼、天人合一。

【预习思考】

1．醒茶有什么作用？

2．什么叫做禅茶一味？

【实训流程】

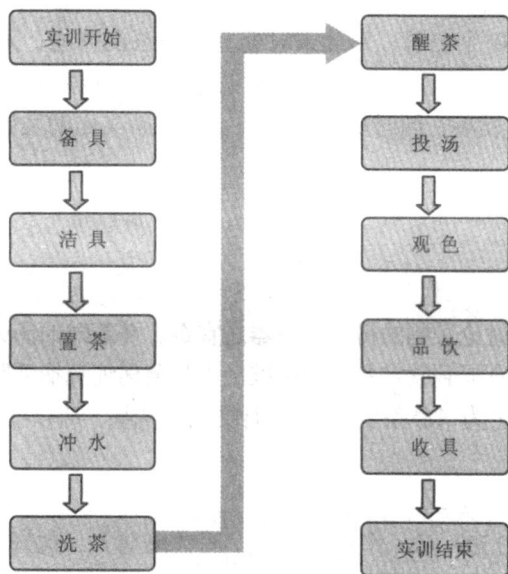

【实训时间】

实训授课 2 学时，共计 90 分钟，其中教师示范讲解 30 分钟，学生练习 50 分钟，教师点评、考核 10 分钟。

【实训要求】

能掌握规范、得体的操作流程及典雅、大方的动作要领，并能自纠错误，熟练操作。

【实训器具】

青茶茶艺用具清单

茶具名称	规　　格	单套数量
茶艺台、凳	高 730 毫米×长 1500 毫米×宽 530 毫米；凳高 410 毫米	1
白瓷盖碗	容量：110 毫升	1
品茗杯	高度：3 厘米；宽度：5 厘米	3
闻香杯	高度：3 厘米；直径：4.5 厘米	3
茶荷	10.5 厘米×8 厘米	1
公道杯	高：6 厘米；直径：6.5 厘米	1
煮水壶	规格：0.6 升；高度：15 厘米；直径：13 厘米	1
杯洗	最大处直径：14.5 厘米	1
茶巾	28.5 厘米×28.5 厘米	1
茶叶罐	高度：9 厘米；直径：5.5 厘米	1
杯托（长方）	长度：11.5 厘米；宽度：6.5 厘米	3
茶道组	12 厘米×5.5 厘米	1
奉茶盘	29.5 厘米×19 厘米	1
青茶	大红袍	适量

【实训方法】

1．教师示范讲解。
2．学生操作，教师现场修正。

【实训步骤与操作标准】

步　骤	操 作 标 准
备具	① 将茶盘擦拭干净备用； ② 将盖碗和公道杯横向呈"一"字摆放在茶盘内侧； ③ 将品茗杯和闻香杯一一对应摆放在盖碗的前侧； ④ 茶盘左侧摆放茶叶罐和随手泡，右侧摆放茶道组和水方； ⑤ 茶巾清洗干净并折叠整齐备用
洁具	① 将碗盖打开，将随手泡里的水倾倒入盖碗； ② 盖上碗盖后，将盖碗的水倒入公道杯； ③ 将公道杯的水倒入水方
置茶	① 打开碗盖； ② 用茶则从茶叶罐中量取茶叶； ③ 取茶匙将茶叶拨入壶中
冲水	① 打开碗盖向碗中倒入适当温度的水并盖上碗盖； ② 在茶汤倒出之前，把碗放在干燥洁净的茶巾上，用其沾干碗身及底部的水再斟茶

续表

步　骤	操 作 标 准
洗茶	① 将碗盖打开，向碗中注入适当温度的水； ② 注水时待茶末溢出壶口时，用碗盖轻轻抹去，盖上碗盖； ③ 以最快的速度将碗中的水倒入公道杯，以免茶汁过多浸出影响味道
醒茶	醒茶的目的是使茶香借着热度散发出来，并使开泡后茶质易于释出。 ① 沸水入碗后，迅速盖上碗盖； ② 双手捧碗轻轻旋转
投汤	（台湾茶人出汤方式）茶汤由盖碗分入公道杯； （潮汕茶人出汤方式）用盖碗直接向杯中斟茶，这种斟法的优点是茶香不致散失太多，茶汤较热，适于爱"喝烧茶"的茶人，但各杯茶汤的浓淡不易做到完全均匀一致
观色	三龙护鼎的手法持品茗杯，于胸前，与眼光成45度角，观汤色
闻香	双手环绕的手势持闻香杯，闻热香、闻冷香
品饮	三龙护鼎手法持品茗杯，三口为品，一杯茶汤分3口品饮

【综合测试】

考核评分表

班级：　　　　　姓名：　　　　　　　　　　　考核时间：　　年　　月　　日

序号	测试内容	得 分 标 准	应得分	自评分	小组互评分	教师评分
1	备具	物品准备齐全，摆放整齐，具有美感，便于操作	10分			
2	洁具	动作美观，顺序正确，无水洒到台面	10分			
3	置茶	投茶量把握正确	10分			
4	冲水	高冲水，水流不间断，干壶动作美观	10分			
5	洗茶	动作美观，速度掌握得当	10分			
6	醒茶	动作美观，无茶叶散落	10分			
7	出汤	水柱圆润，动作美观	10分			
8	闻香	动作美观	5分			
9	观色	浓淡均匀，颜色一致	5分			

续表

序号	测试内容	得　分　标　准	应得分	自评分	小组互评分	教师评分
10	品饮	动作优美，三口为宜	10分			
11	收具	续水及时，茶具摆放整齐	10分			
		合　计	100分			

【知识链接】

儒、释、道与茶

儒、道、佛各家都有自己的茶道流派，儒家以茶励志，沟通人际关系，积极入世；佛教在茶宴中伴以孤寂青灯，明心见性；道家饮茗寻求空灵虚静，避世超尘。然而，各家茶文化精神也有一个很大的共同点——和谐、平静。

一、茶道与儒家——中庸仁礼

中国茶道思想是融合儒、道、佛诸家精华而成，儒家思想是它的主体。

1. 中庸

儒家"中庸"的思想要求人们不偏不倚地看待世界，这正是茶的本性。无论是煮茶法、点茶法、泡茶法，历代茶人都讲究"精华均分"。如工夫茶讲究的"关公巡城"、"韩信点兵"，正体现了这种平等精神。儒家中正平稳的处世之道，在茶人那里表现得淋漓尽致。陆羽在《茶经》中说，饮茶者必须是精行俭德之人。饮茶时，要更多地审视自己，心境去掉浮华，实践"宁静致远隐沉毅"的俭德之行。

2. 仁礼

"以茶待客"的茶礼是中国传统习俗，有客来，奉上一杯茶，是对客人的极大尊重，即使客人不来，也可以茶相送表示情谊。唐人刘贞亮就有"以茶可交友"、"以茶利礼之"的言论。

二、茶道与佛教——禅茶一味

茶道与禅宗的最初结合，不过是因为茶有提神醒脑消渴的功能，在参禅悟道的修道过程中可以抵抗疲劳的袭扰。渐渐地，茶道与佛教之间找到了越来越多的思想共通之处，人们称之为"禅茶一味"。

1. 苦茶，苦禅

佛教"四谛"：苦、集、灭、道，以苦为首。参禅就是要求经历"苦"的洗礼，从而大彻大悟。茶性也苦，苦中有甘，苦去甘来。修习佛法的人在品味茶的苦涩时，品味人生，参破"苦谛"。

2. 静茶，静禅

佛教主静，坐禅时以静为基础，可以说佛教禅宗从"静"中来。茶道也尊崇静，"静"是中国茶道修习的不二法门，茶人把"静"作为达到心斋坐忘、涤除玄鉴、澄怀悟道的必由之路。

3. 放下苦恼，坐禅吃茶

人的苦恼，归根结底是因为"放不下"，所以佛法强调人要"放下"。品茶也强调"放"。偷得浮生半日闲，将手头的工作放下，人自然轻松无比，看世界天蓝海碧，山清水秀，日丽风和，月明星朗。

三、天人合一——茶道与道教

道教学说为茶道注入了"天人合一"的哲学思想，树立了茶道的灵魂，灌输了崇尚自然、朴素、纯真的美学理念。

道家"尊人"的思想表现在对茶具的命名以及对茶的认识上。茶人习惯于把有托盘的盖杯称为"三才杯"：杯托为"地"，杯盖为"天"，杯子为"人"，意思是天大、地大、人更大。把杯子、托盘、杯盖一同端起来品茗，称为"三才合一"。

品茗时如何达到"一私不留、一尘不染、一妄不存"的空灵境界呢？道家为茶道提供了入静的法门，称之为"坐忘"——有意识地忘记外界一切事物，甚至忘记自身的存在，达到与"大道"相合为一的境界。

项目十八　黑　茶　茶　艺

【学习目标】

1. 掌握黑茶冲泡的基本手法及基本程序。
2. 了解中国少数民族的茶俗。

【关 键 词】

切割、烹煮、分杯。

【预习思考】

1. 有些黑茶为何要切割？

2. 黑茶为何可以烹煮？

【实训流程】

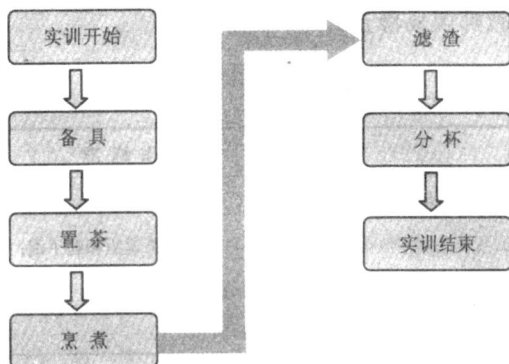

【实训时间】

实训授课 2 学时，共计 90 分钟，其中教师示范讲解 30 分钟，学生练习 50 分钟，教师点评、考核 10 分钟。

【实训要求】

能掌握规范、得体的操作流程及典雅、大方的动作要领，并能自纠错误，熟练操作。

【实训器具】

黑茶茶艺用具清单

茶具名称	规　　格	单套数量
茶艺台、凳	高 730 毫米×长 1500 毫米×宽 530 毫米；凳高 410 毫米	1
茶刀	全长 153 毫米，直径 17 毫米；手工精磨不锈钢刀，长 55 毫米，直径 5 毫米	1
茶壶	高：8 厘米；最大直径：6.5 厘米	1
公道杯	高：6 厘米；直径：6.5 厘米	1
白瓷茶杯	高度：3 厘米；宽度：5 厘米	3
白瓷茶荷	10.5 厘米×8 厘米	1
白瓷杯洗	最大处直径：14.5 厘米	1
茶巾	28.5 厘米×28.5 厘米	1
茶叶罐	高度：9 厘米；直径：5.5 厘米	1
杯托（长方）	长度：11.5 厘米；宽度：6.5 厘米	3
茶道组	12 厘米×5.5 厘米	1
奉茶盘	29.5 厘米×19 厘米	1
黑茶	安化黑茶	适量

【实训方法】

1. 教师示范讲解。
2. 学生操作，教师现场修正。

【实训步骤与操作标准】

步　骤	操　作　标　准
备　具	① 将茶盘擦拭干净备用； ② 茶盘左侧摆放茶叶罐和水方，右侧摆放茶道组和随手泡； ③ 将白瓷杯一一对应摆放在茶壶的前侧； ④ 茶巾清洗干净并折叠整齐备用
温　壶	① 将茶壶的壶盖打开，将随手泡里的水倾倒入茶壶、茶池； ② 盖上壶盖后，将茶壶的水倒入白瓷杯
置　茶	① 打开壶盖； ② 用茶则从茶叶罐中量取茶叶放置于茶荷中； ③ 取茶匙将茶叶拨入壶中
烹　煮	① 往电磁消毒泡茶炉中的茶池注水； ② 通电煮沸，水温达到100℃，放进适量黑茶（无须加壶盖）； ③ 沸腾熬煮2分钟关火，盖上壶盖焖泡3～5分钟，滤渣
品　饮	端起茶杯，饮一口含在嘴里，慢慢送入喉中

【综合测试】

考核评分表

班级：　　　　姓名：　　　　　　　　　　　　　　考核时间：　　年　　月　　日

序号	测试内容	得　分　标　准	应得分	自评分	小组互评分	教师评分
1	备具	物品准备齐全，摆放整齐，具有美感，便于操作	10分			
2	温壶	动作美观，顺序正确，无水洒到台面	10分			
3	置茶	投茶量把握正确	20分			
4	烹煮	水温掌握得当	50分			
5	投汤	分量均匀，台面干净	10分			
		合　计	100分			

【知识链接】

中　国　茶　俗

1. 竹筒茶

将清毛茶放入特制的竹筒内,在火塘中边烤边捣压,直到竹筒内的茶叶装满并烤干,剖开竹筒取出茶叶用开水冲泡饮用。竹筒茶既有浓郁的茶香,又有清新的竹香。云南西双版纳的傣族同胞喜欢饮这种茶。

2. 龙虎斗茶

云南西北部深山老林里的兄弟民族,喜欢用开水把茶叶在瓦罐里熬得浓浓的,而后把茶水冲放到事先装有酒的杯子里与酒调和,有时还加上一个辣子,当地人称为"龙虎斗茶"。喝一杯龙虎斗茶以后,全身便会热乎乎的,睡前喝一杯,醒来会精神抖擞,浑身有力。

3. 擂茶

擂茶是把茶和一些配料放进擂钵里擂碎冲沸水而成。擂茶又可细分为以下几类。广东揭阳、普宁等地聚居的客家人所喝的客家擂茶,是把茶叶放进牙钵(为吃擂茶而特制的瓷器)擂成粉末后,加上捣碎的熟花生、芝麻后加上一点盐和香菜,用滚烫的开水冲泡而成。福建西北部民间的擂茶是用茶叶和适量的芝麻置于特制的陶罐中,用茶木棍研成细末后加滚开水而成。湖南的桃花源一带有喝擂茶的特殊习俗,是把茶叶、生姜、生米放到碾钵里擂碎,然后冲上沸水饮用。若能再放点芝麻、细盐进去,则滋味更为清香可口。喝擂茶一要趁热,二要慢咽,只有这样才会有"九曲回肠,心旷神怡"之感。

4. 锅帽茶

其制作方法为:在锣锅内放入茶叶和几块燃着的木炭,用双手端紧锣锅上下抖动几次,使茶叶和木炭不停地均匀翻滚,等到有缕缕青烟冒出和闻到浓郁的茶香味时,便把茶叶和木炭一起倒出,用筷子快速地把木炭拣出去,再把茶叶倒回锣锅内加水煮几分钟就可以了。布朗族同胞喜欢饮卿目茶。

5. 婆婆茶

新婚苗族妇女常以婆婆茶招待客人。婆婆茶的做法是:平时将去壳的南瓜子和葵花子、晒干切细的香樟树叶尖以及切成细丝的嫩腌生姜放在一起搅拌均匀,储存在容器内备用。要喝茶时,就取一些放入杯中,再以煮好的茶汤冲泡,边饮边用茶匙舀食,这种茶就是婆婆茶。

6. 盖碗茶

其制作方法是：在有盖的碗里同时放入茶叶、碎核桃仁、桂圆肉、红枣、冰糖等，然后冲入沸水，盖好盖子。来客泡盖碗茶一般要在吃饭之前，倒茶时要当面将碗盖揭开，并用双手托碗捧送，以表示对客人的尊敬。沏盖碗茶是回族同胞的饮茶习俗。

7. 维吾尔族的茶俗

维吾尔族人的饮茶方式仍是沿袭我国唐宋时的煎茶或煮茶法。煮茶用具，北疆大多使用铝锅，而南疆喜用铜质长颈茶壶或陶瓷、搪瓷的长颈茶壶。喝茶时均用茶碗，一般用小碗喝清茶或香茶，而用大碗喝奶茶或奶皮茶。此外，还有人喜饮将糖放进茶水煎煮的"甜茶"和用植物油或羊油将面炒熟后，再加入刚煮好的茶水和少量盐的"炒面茶"。若至维吾尔族人家做客，一般由女主人用托盘向客人敬第一碗茶。第二碗开始，则由男主人敬。倒茶时要缓缓倒入茶碗内，茶不能满碗。客人如不想再喝，可用手将碗口捂一下，即是向主人示意已喝好。喝完茶后，还要由长者作"都瓦"（默祷）。作"都瓦"时，要将两手伸开合并，手心朝脸默祷几秒钟后轻轻从上到下摸一下脸，"都瓦"即告完毕。主人作"都瓦"时，客人不能东张西望、嬉笑起立，须待主人收拾完茶具后，客人才能离席，否则被视为失礼。

8. 藏族的酥油茶

藏族的酥油茶是把牛奶或羊奶煮沸，用勺搅拌，倒入竹桶内，冷却后凝结在溶液表面的一层脂肪。至于茶叶，一般选用的是紧压茶类中的普洱茶、金尖等。酥油茶的加工方法比较讲究，一般先用锅子烧水，待水煮沸后，再用刀子把紧压茶捣碎，放入沸水中煮，约半小时左右，待茶汁浸出后，滤去茶叶，把茶汁装进长圆柱形的打茶筒内。与此同时，有另一口锅煮牛奶，一直煮到表面凝结一层酥油时，把它倒入盛有茶汤的打茶筒内，再放上适量的盐和糖。这时，盖住打茶筒，用手把住直立茶筒并上下移动长棒，不断抽打，直到筒内声音从"吮当、吮当"变成"嚓咿、嚓咿"时，茶、酥油、盐、糖等即混为一体，酥油茶就打好了。打酥油茶用的茶筒多为铜质，甚至有用银制的。而盛酥油茶用的茶具，多为银质，甚至还有用黄金加工而成的。茶碗虽以木碗为多，但常常是用金、银或铜镶嵌而成。

项目十九　红　茶　茶　艺

【学习目标】

1. 掌握红茶冲泡的基本手法及基本程序。
2. 了解一些国外的茶俗。

【关 键 词】

掀盖、润茶、温杯。

【预习思考】

1. 红茶常见的调饮方法有哪些?
2. 试述红茶的冲泡流程

【实训流程】

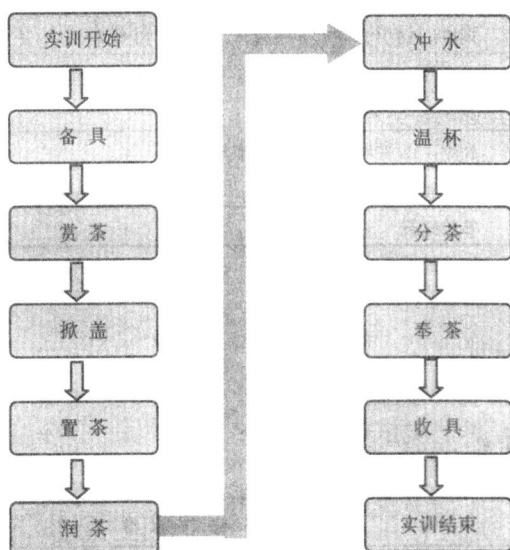

【实训时间】

实训授课 2 学时,共计 90 分钟,其中教师示范讲解 30 分钟,学生练习 50 分钟,教师点评、考核 10 分钟。

【实训要求】

能掌握规范、得体的操作流程及典雅、大方的动作要领,并能自纠错误,熟练操作。

【实训器具】

红茶茶艺用具清单

品　　名	规　　格	单套数量
双层茶盘	46 厘米×29 厘米	1

续表

品　名	规　格	单套数量
品茗杯	高度：3.5 厘米；宽度：5 厘米	3
茶叶罐	高度：9 厘米；直径：5.5 厘米	1
茶荷	10.5 厘米×8 厘米	1
铁质滤网	高度：4 厘米；宽度：7.5 厘米	1
公道杯	高度：10 厘米；宽度：6.5 厘米	1
茶壶	容量：140 毫升；高度：6 厘米；最大宽处宽度：8 厘米	1
杯托（正方）	长宽 7 厘米	4
煮水壶	规格：0.6 升；高度：15 厘米；直径：13 厘米	1
杯洗	口直径：11 厘米底直径：6.5 厘米；高度：4.0 厘米	1
茶巾	28.5 厘米×28.5 厘米	1
茶道组	高度：12 厘米；直径：5.5 厘米	1
奉茶盘	29.5 厘米×19 厘米	1
红茶	祁门红茶	适量

【实训方法】

1. 教师示范讲解。
2. 学生操作，教师现场修正。

【实训步骤与操作标准】

步　骤	操 作 标 准
备　具	① 将茶盘擦拭干净备用； ② 将茶壶和公道杯横向呈"一"字摆放在茶盘内侧； ③ 将品茗杯摆放在茶壶的前侧； ④ 茶盘左侧摆放茶叶罐和水方，右侧摆放茶道组和随手泡； ⑤ 茶巾清洗干净并折叠整齐备用
赏　茶	① 用茶则将红茶从茶叶罐中取出适量放入茶荷内； ② 双手捧起茶荷送至客人面前供客人赏茶
掀　盖	左手持碗盖，右手持茶针，双手一前一后作业
置　茶	① 打开壶盖将茶漏放在壶口上； ② 取茶匙将茶叶拨入茶壶中
润　茶	① 向壶内注入 2/3 的水，然后盖上壶盖； ② 迅速将茶汤倾倒入公道杯
冲　泡	① 冲泡红茶的水温应在 90℃以上； ② 用悬壶高冲的手法向茶壶内冲水； ③ 用碗盖抹去壶口的茶末，盖上壶盖

续表

步 骤	操 作 标 准
温 杯	① 红茶正泡大概需要2~3分钟,在这个过程中可以进行温杯的程序; ② 将公道杯中的水依次倒入品茗杯; ③ 用茶夹夹取品茗杯,将水倒入水方中; ④ 用茶巾轻拭品茗杯外侧及杯底的水渍
出 汤	① 右手拿起茶壶,将茶汤倒入公道杯中; ② 尽量控净壶中的茶汤,以免影响口味
分 茶	将公道杯中的茶汤分到每一个茶杯中,茶量应为七分满,使茶汤保持浓淡均匀
奉 茶	双手持杯,敬给客人品饮
收 具	将客人不再使用的杯子清洗干净,整齐摆放在茶盘上,用茶巾将茶盘擦拭干净

【综合测试】

考核评分表

班级: 　　　　姓名: 　　　　　　　　　　　　　　考核时间: 　年　月　日

序号	测试内容	得 分 标 准	应得分	自评分	小组互评分	教师评分
1	备具	物品准备齐全,摆放整齐,具有美感,便于操作	5分			
2	赏茶	动作美观,解说正确	10分			
3	掀盖	动作优美,顺畅;碗盖与碗之间没有碰响声	10分			
4	置茶	投茶量把握正确	10分			
5	润茶	动作美观,台面清洁	10分			
6	冲泡	动作美观,水温合适,台面清洁	10分			
7	温杯	动作美观、擦拭干净	5分			
8	出汤	时间把握准确	10分			
9	分茶	分茶量均匀	10分			
10	奉茶	双手奉杯,礼节到位	10分			
11	收具	茶具摆放整齐	10分			
	合 计		100分			

【知识链接】

外 国 茶 俗

1. 印度的马萨拉茶

其制作方法很简单,就是在红茶中加入姜和小豆蔻。奇特的是它的喝茶方式,既不是把茶倒到杯中一口口的喝，也不是倒在瓢筒中用管子慢慢吸饮，而是习惯把茶倒在盘子里，伸出舌头去舐饮，所以这种茶又叫"舐茶"。

2. 伊斯兰教国家的茶俗

在信仰伊斯兰教的国家，如巴基斯坦，森严的教律规定不许酗酒，所以饮茶盛行，养成了以茶代酒、以茶消腻、以茶提神、以茶为乐的饮茶风俗。

3. "嚼茶"

在缅甸和泰国有着极具特色的"嚼茶"。嚼茶的食用方法是：先将茶树的嫩叶蒸一下，然后再用盐腌，最后掺上少量的盐和其他作料放在口中嚼食。冰茶也是这些热带国家的饮茶习惯。

4. 望糖喝茶的"豪饮"之国

在西亚，土耳其、伊拉克被称为豪饮之国，他们的人民不喜温饮，而喜煮滚热饮；只饮红茶，不饮绿茶。伊拉克人煮的是很浓的红茶，味苦色黑，所以有些伊拉克人喝茶时先舐一下白糖，然后呷一口茶，循环往复；也有的在喝茶时把糖放在面前，望糖喝茶，大概还颇有点"望梅止渴"的情趣，边望白糖边喝苦茶。

5. 俄罗斯的茶俗

俄罗斯人爱喝甜茶，喜好在茶中加糖、果酱、蜂蜜，有时也加奶、柠檬片。有些地方习惯加盐，如雅库特人就在茶里加奶和盐。他们亦喜好浓茶并用茶炊煮茶，常在茶中放罗姆酒。喝茶时一般根据一人一茶勺的量先用瓷茶壶把茶叶泡 3~5 分钟，然后将沏好的浓茶倒进茶杯，再根据个人喜好浓淡的程度续水。

6. 蒙古的茶俗

蒙古人在饮茶时，先把砖茶放在木臼中捣成粉末，加水放在锅中煮开，加上盐和脂肪制成羹汤，过滤后混入牛奶、奶油、玉蜀黍再饮用。

7. 马里的茶俗

马里人喜爱饭后喝茶，他们把茶叶和水放入茶壶里，然后炖在泥炉上煮开，茶煮沸后加上糖，每人斟一杯。他们的煮茶方法不同一般：每天起床，就以锡罐烧水，投入茶叶；任其煎煮，直到同时煮的腌肉烧熟，再同时吃肉喝茶。这与新加坡、马来西亚的肉骨茶有异曲同工之妙。

8. 北非的茶俗

北非人喝茶喜欢在绿茶里放几片新鲜薄荷叶和一些冰糖，饮时清凉可口。有客来访，客人得将主人向他敬的三杯茶喝完，才算有礼貌。

9. 埃及的茶俗

埃及人待客，常端上一杯热茶，里面放许多白糖，只喝两三杯这种甜茶，嘴里就会感到黏糊糊的，连饭也不想吃了。

10. 德国的茶俗

德国人一般是在晚餐后饮用茶味浓厚的高档红茶。其制作方法是：将冷水煮沸后，然后温壶，再按 1 茶杯 1 匙茶的比例将茶叶置于壶内，注入沸水冲泡 3 分钟，倒出茶汤于杯中，添加牛奶、白糖或柠檬饮用。

11. 南美的茶俗

南美流行的是非茶之茶马黛茶。南美许多国家，尤其是阿根廷，人们用当地的马黛树的叶子制成茶，既提神又助消化。他们是用带圆球的铜制或银制的吸管从晒干的葫芦容器中慢慢品茶。用吸管吮吸时小球起到过滤作用，避免茶末吸入管内，茶淡时还能翻滚搅动，使茶水变浓。

12. 加拿大的茶俗

加拿大人泡茶方法较特别，先将陶壶烫热，放一茶匙茶叶，然后以沸水注入其中，浸七八分钟，再将茶叶倾入另一热壶供饮，通常加入乳酪与糖。

13. 美国的茶俗

美国人一般早餐不饮茶，而在午餐时饮茶，并佐以烘脆的面包和家庭自制的果酱。美国人喜欢速溶的袋泡茶。大家都知道美国是一个变化极其迅速的国家，讲究高效简便，时间就像金钱一样被精打细算着花，饮茶也是以最为快速的方式喝下去。

14. 荷兰的茶俗

荷兰人一般午后才开始饮茶。如果客人在午后 14 时到访，就会受到主人用茶接待的礼遇。相互寒暄后，主人从镶银的小瓷茶盒中取出各种茶叶，放入小瓷茶壶中冲泡。每个小瓷茶壶中都配有银制的滤器。茶冲泡好后，主人请客人任意挑选自己爱喝的茶，为其倒入小杯中。如客人喜欢调饮，则另用较大杯盛少量茶以便客人自行调配。荷兰人饮茶时会加糖消苦除涩，后来又时兴加奶油。饮茶时必须发出"咂咂"的响声，以示对茶的赞赏，谈话的内容也仅限于茶饮以及茶点。

项目二十　花茶冲泡

【学习目标】

1. 掌握花茶冲泡法的基本手法及基本程序。
2. 了解日常饮茶的注意事项。

【关键词】

温杯、冲水、闻香。

【预习思考】

1. 花茶的选用和季节有没有关系？
2. 花茶的储藏有什么讲究？

【实训流程】

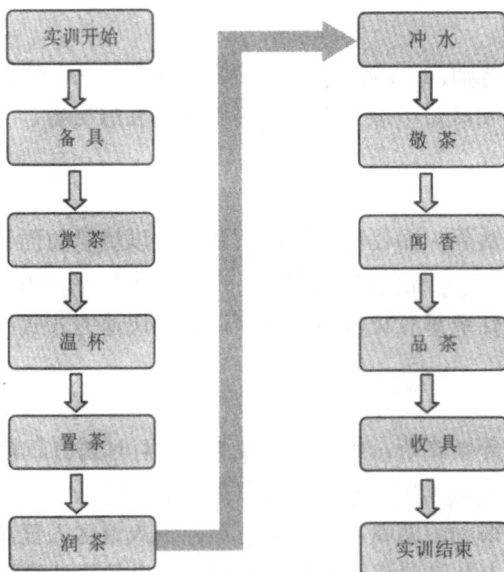

【实训时间】

实训授课 2 学时，共计 90 分钟，其中教师示范讲解 30 分钟，学生练习 50 分钟，教师点评、考核 10 分钟。

【实训要求】

能掌握规范、得体的操作流程及典雅、大方的动作要领，并能自纠错误，熟练操作。

【实训器具】

花茶茶艺用具清单

品 名	规 格	单套数量
双层茶盘	46 厘米×29 厘米	1
茶叶罐	高度：9 厘米；直径：5.5 厘米	1
白瓷茶荷	10.5 厘米×8 厘米	1
盖碗	容量：140 毫升；高度：5 厘米；最大宽处宽度：9.5 厘米	3
杯托（正方）	长宽 7 厘米	4
煮水壶	规格：0.6 升；高度：15 厘米；直径：13 厘米	1
杯洗	口直径：11 厘米；底直径：6.5 厘米；高度：4.0 厘米	1
茶巾	28.5 厘米×28.5 厘米	1
茶道组	高度：12 厘米；直径：5.5 厘米	1
奉茶盘	29.5 厘米×19 厘米	1
花茶	茉莉花茶	适量

【实训方法】

1. 教师示范讲解。
2. 学生操作，教师现场修正。

【实训步骤与操作标准】

步 骤	操 作 标 准
备具	① 将盖碗按"一"字形或"品"字形摆放在茶盘的中心位置； ② 将烧开的水倒入开水壶中凉汤备用； ③ 将茶巾折叠整齐备用
赏茶	① 用茶匙将茶叶从茶叶罐中轻轻拨入茶荷； ② 将茶荷双手捧起，送至客人面前请客人欣赏干茶外形及香气； ③ 用简短的语言介绍即将冲泡的茶叶品质特征和文化背景
温杯	① 将杯盖斜靠在杯托上，注入少量热水； ② 盖上杯盖，转动盖杯温烫杯身
置茶	将茶叶拨入盖碗中，投茶量为每 50 毫升水用茶 1 克

续表

步　骤	操　作　标　准
润茶	① 将开水壶中降了温的水倾入杯中 1/3； ② 盖上杯盖，左手托杯底，右手扶杯盖，以逆时针的方向回旋三圈，使茶叶充分浸润； ③ 此泡时间掌握在 15 秒
冲水	① 水温为 90℃； ② 右手提壶，用高冲水的手法注水至杯子的七分满
敬茶	双手持盖碗将茶奉给客人
闻香	一手持杯托，一手按杯盖让前沿翘起，送至鼻前闻香
品茶	端起端起茶杯，分 3 口品饮
收具	将客人不再使用的杯子清洗干净，整齐摆放在茶盘上，用茶巾将茶盘擦拭干净

【综合测试】

考核评分表

班级：　　　姓名：　　　　　　　　　　　　　考核时间：　　年　　月　　日

序号	测试内容	得 分 标 准	应得分	自评分	小组互评分	教师评分
1	备具	物品准备齐全，摆放整齐，具有美感，便于操作	10 分			
2	赏茶	取茶动作轻缓，不掉渣，语言介绍生动、简洁	10 分			
3	温杯	动作美观，翻杯盖无声响，逆时针回旋	10 分			
4	置茶	投茶量把握正确	10 分			
5	润茶	注水量均匀，水流沿杯壁下落，润茶的动作美观	10 分			
6	冲水	高冲水，水流不间断，水量控制均匀	10 分			
7	敬茶	双手奉出，不碰杯口，使用礼貌用语	10 分			
8	闻香	右手持杯盖，动作美观	10 分			
9	品茶	双手捧杯，品饮不露齿	10 分			
10	收具	茶具摆放整齐	10 分			
	合　计		100 分			

【知识链接】

饮 茶 禁 忌

茶饮虽有各种保健功效，但也不能随便饮用。要达到养生保健的目的，还要根据个人的身体状况来合理选择茶饮配方，同时注意避开不宜饮用的时间。

一、日常饮茶的注意事项

1）忌大量饮新茶。新茶是采摘不久的茶叶，因为放置时间过短，所以茶叶中的多酚类物质、醛类物质等还没有完全氧化，会对人体造成不利影响，长时间饮用易引发腹胀、腹泻等肠胃不适症状。

2）忌用茶服药。茶富含多种化合物，用茶水服药会引起化学反应，使药效降低或完全丧失，甚至危害健康。因此，不要用茶水送服药物，服药前后两个小时内最好不要饮茶。

3）忌饮冷茶。茶宜热饮，冷茶喝下去会使脾胃寒冷，但是茶温也不宜过高，一般以不超过 60℃ 为宜。

4）不宜空腹饮茶，饭后不宜立即大量饮茶。空腹饮茶容易引起"茶醉"，即头晕、乏力，伤害脾胃，不利健康。一般情况下，进餐时不宜饮茶，饭后也不宜立即饮茶，否则会影响对钙、铁等营养物质的吸收。

5）酒后不宜饮茶。酒后饮茶伤肾伤脾。

6）睡前不宜饮茶。茶有提神的功效，晚上饮茶会影响睡眠，失眠、神经衰弱者以及老人应注意。

7）不宜饮隔夜茶及久泡茶。隔夜茶及久泡茶都是长时间浸泡或反复浸泡的茶，没有了任何口感和营养价值，尤其是夏季时节，茶水极易变质、变色，饮后易引发肠道疾病。

二、特殊人群饮茶的注意事项

1）饮茶后大便干燥或者便秘加重者不宜饮茶。传统茶饮含茶多酚类物质较多，对胃肠有一定的收敛作用。

2）糖尿病、心脏病、高血压、神经衰弱、严重失眠者，以及胃溃疡、胃炎、反流性食管炎患者和贫血者不宜饮茶。

3）低血压的人群，饮茶不宜过浓、过多。

4）儿童除了可以饮用一些保健茶外，一般不建议饮茶，尤其是浓茶。但是适当用茶水漱口可预防龋齿。

5）女性月经期不宜饮用具有活血作用的茶饮；也不宜喝传统茶饮，避免加重便秘症状以及经期综合征。

6）女性孕期不宜饮用传统茶饮；孕早期也不宜饮用具有活血化瘀作用的花草茶或凉茶。

7）女性哺乳期不宜饮用传统茶饮。传统茶饮中的鞣酸被机体吸收后，会抑制乳汁的分泌。

8）女性更年期时不宜饮用传统茶饮，特别是提神醒脑的茶饮，以避免神经太过兴奋，加重更年期心理及生理不适。

9）阴虚火旺或者肝肾阴虚者，不宜饮用太过温燥的茶饮。

10）食积气滞的人，不宜饮用滋腻碍脾的茶饮。

11）饮用解表的茶饮，不宜食用生冷、酸性食物。

12）饮用调理脾胃的茶饮，忌食生冷、油腻、腥臭、不易消化的食品。

13）饮用理气消胀的茶饮，要避免食用豆类。

14）饮用止咳平喘的茶饮，忌食鱼、虾等水产。

15）饮用清热解毒的茶饮，忌食油腻、腥臭或辛辣的食物。

三、顺应四时变化饮茶

根据中医理论，饮茶应"因时择茶"，也就是按四季来选择茶的品种，即常言所说："春饮花茶，夏饮绿茶，秋饮乌龙茶，冬饮红茶。"

1）春饮花茶。中医认为"春天宜养阳气"，花茶性温，春天喝花茶可以散发漫漫冬季积于体内的寒气，促进阳气生发。同时，花茶的清香芬芳也能让人精神抖擞、克服"春困"。比如，菊花茶可养肝明目，茉莉花茶可健脾安神，金银花茶可清热抗癌等。另外，花茶具有很好的美容护肤、美体瘦身的功能，备受女性青睐。营养学专家认为，常喝花茶，可调节神经、促进新陈代谢、提高机体免疫力。

2）夏饮绿茶。绿茶性寒，寒可清热，而且绿茶水色清冽、香气清幽、滋味鲜爽，夏季常饮能清热解暑、生津止渴，还能防晒。

3）秋饮乌龙茶。秋季天气由热转寒，草木凋零，人容易"秋燥"。乌龙茶性温，既有绿茶的清香和天然花香，又有红茶的醇厚，不寒不热，温热适中，有生津润喉、润肤益肺的作用，金秋进补大有益处。

4）冬饮红茶。养生之道，贵乎御寒保暖。冬天饮茶以红茶为上品，红茶性味甘温，可祛寒暖胃，更具抗氧化、降血脂、抑制动脉硬化等功能。冬季饮之，可补益身体，生热暖腹，增强人体抵抗力。饮用时添加些糖、牛奶，还有消炎、保护胃黏膜、治疗溃疡的作用。但要注意的是，红茶凉饮会影响暖胃效果，而且，如果放置时间长，营养含量也会随之降低。

模块 四

茶艺表演

茶艺表演是具有表演性质的茶艺活动，具有文化交流、推广茶艺、专业示范等特点。在冲泡过程中，要求主泡与助泡配合默契，强调宾主之间的和谐交流，手法严谨、步骤完整、器具精美、风格鲜明、设计合理。通过本模块的学习与训练使学生达到能够熟练、正确地配置茶具、布置表演台的要求，并能够担任 3 种以上茶艺表演的主泡角色。掌握绿茶之首——龙井茶、花茶之王——茉莉花茶、乌龙极品——铁观音茶的冲泡技巧，衬托三大名茶。学会欣赏茶艺编排的内涵美和茶艺表演的动作美及神韵美，领悟茶艺表演的艺术特征。

项目二十一 绿茶之首：龙井茶冲泡表演

【学习目标】

1. 熟练掌握龙井茶的冲泡表演技艺。
2. 熟悉茶艺表演的形象与气质要求。

【关键词】

温杯、投茶方式、润茶、"凤凰三点头"。

【预习思考】

1. 西湖龙井茶的冲泡有哪些注意事项？
2. 试述茶艺表演的形象与气质要求。

【实训流程】

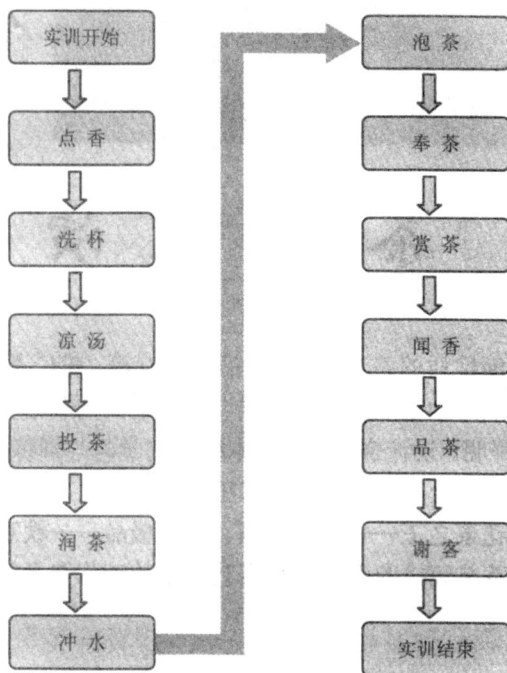

【实训时间】

实训授课 2 学时，共计 90 分钟，其中教师示范讲解 30 分钟，学员练习 50 分钟，教师点评、考核 10 分钟。

【实训要求】

能掌握规范、得体的操作流程及典雅、大方的动作要领，并能自纠错误，**熟练操作**。

【实训器具】

玻璃杯 3 只、玻璃壶 1 把、随手泡 1 套、茶叶罐 1 个、茶具组合 1 套、茶盘 1 个、茶巾 1 条、香炉 1 个、特级龙井茶适量。

【实训方法】

1. 教师示范讲解。
2. 学生操作，教师纠正。

【实训步骤与操作标准】

步　骤	操　作　标　准
备具	① 将玻璃杯按"一"字形或"品"字形摆放在茶盘的中心位置； ② 将烧开的水倒入开水壶中凉汤备用； ③ 将茶巾折叠整齐备用
点香——焚香除妄念	俗话说："泡茶可修身养性，品茶如品味人生。"古今品茶都讲究要平心静气，"焚香除妄念"就是通过点燃这炷香，营造一个祥和、肃穆的气氛。 将香炉放置于茶台中心位置；手持 3 炷香点燃，双手的拇指、食指捏香，弯腰行礼，一敬天地，二敬祖先，三敬茶神，最后正对香炉站好，将 3 根香依次插入香炉中
洗杯——冰心去凡尘	茶，至清至洁，是天涵地育的灵物，泡茶要求所用的器皿也必须至清至洁。"冰心去凡尘"就是用开水再烫一遍本来就干净的玻璃杯，做到茶杯冰清玉洁，一尘不染。 将水注入杯中 1/3；三杯水量要均匀，注时采用逆时针悬臂手法，左手伸平，掌心微凹，右手端杯底，将水杯平放在左手上，双手向前搓动，用滚杯的手法将水倒入水方
凉汤——玉壶养太和	龙井茶属于芽茶类，因为茶叶细嫩，若用滚烫的开水直接冲泡，会破坏茶芽中的维生素并造成熟汤失味，所以只宜用 80℃的开水。"玉壶养太和"是把开水壶中的水预先倒入瓷壶中养一会儿，使水温降至 80℃左右（夏季在有空调的房间，打开壶盖需凉置 5 分钟，冬天在有暖气的房间则要凉置 3~5 分钟）
投茶——清宫迎佳人	苏东坡有诗云："戏作小诗君勿笑，从来佳茗似佳人"。"清宫迎佳人"就是用茶匙把茶叶投放到冰清玉洁的玻璃杯中。动作不急不缓，避免将茶叶洒在外面，每杯取 3~5 克茶叶
润茶——甘露润莲心	好的绿茶外观如莲心，乾隆皇帝把茶叶称为"润心莲"。"甘露润莲心"就是在开泡前先向杯中注入少许热水，起到润茶的作用。 将开水壶中降了温的水倾入杯中 1/3，注意注入开水不要直接浇在茶叶上，应打在玻璃杯的内壁上，以免烫坏茶叶。 左手托杯底，右手扶杯身，以逆时针的方向回旋三圈，使茶叶充分浸润；此泡时间掌握在 15 秒
冲水——凤凰三点头	冲泡龙井茶时也讲究高冲水，在冲水时水壶有节奏地三起三落好比是凤凰向客人点头致意
泡茶——碧玉沉清江	冲入热水后，茶先是浮在水面上，而后慢慢沉入杯底，犹如一朵朵兰花绽放在杯中，又似有生命的绿精灵在舞蹈，十分生动有趣
奉茶——观音捧玉瓶	佛教故事中传说观音菩萨常捧着一个白玉净瓶，瓶中的甘露可消灾祛病，救苦救难。茶艺小姐把泡好的茶敬奉给客人，我们称之为"观音捧玉品"，意在祝福好人们一生平安。 右手轻握杯身（注意不要捏杯口），左手托杯底，双手将茶送到客人面前，放在方便客人提取品饮的位置。 茶放好后，向客人伸出右手，做出"请"的手势，或说声"请品茶"
赏茶——春波展旗枪	这道程序是龙井茶茶艺的特色程序。杯中的热水如春波荡漾，在热水的浸泡下，茶芽慢慢地舒展开来，尖尖的叶芽如枪，展开的叶片如旗。一芽一叶的称为旗枪，一芽两叶的称为"雀舌"。展开的茶芽立在杯底，上下沉浮，左右晃动，栩栩如生

续表

步　骤	操　作　标　准
闻香——慧心悟茶香	品绿茶要一看、二闻、三品味，在欣赏"春波展旗枪"之后，要闻一闻茶香。绿茶与花茶、乌龙茶不同，它的茶香更加清幽淡雅，必须用心灵去感悟，才能够闻到那春天的气息，以及清醇悠远、难以言传的生命之香
品茶——淡中品至味	龙井茶的茶汤清醇甘鲜，淡而有味，它虽然不像红茶那样浓艳醇厚，也不像乌龙茶那样岩韵醉人，但是只要你用心去品，就一定能从淡淡的绿茶香中品出天地间至清、至醇、至真、至美的韵味来

【综合测试】

考核评分表

班级：　　　　姓名：　　　　　　　　　　　　　　考核时间：　　年　　月　　日

序号	测试内容	得　分　标　准	应得分	自评分	小组互评分	教师评分
1	备具	物品准备齐全，摆放整齐，具有美感，便于操作	10分			
2	点香	姿态规范、优美，神情专注	10分			
3	洗杯	水量均匀，逆时针回旋	10分			
4	凉汤	水温把握适当	10分			
5	投茶	投茶量把握正确	10分			
6	润茶	注水量均匀，水流沿杯壁下落，润茶的动作美观	10分			
7	冲水	茶壶三起三落，水流不间断，水量控制均匀	10分			
8	奉茶	双手奉出，不碰杯口，使用礼貌用语	10分			
9	赏茶	有一定的鉴赏能力，语言把握准确	10分			
10	闻香	动作准确规范	5分			
11	品茶	姿态规范、优美	5分			
合　计			100分			

【知识链接】

茶艺表演的形象与气质要求

茶艺表演是一门高雅的艺术，它不同于一般的演艺表演。它浸润着中国的传统文化，飘逸出中国人所特有的清淡、恬静、明净自然的人文气息。因此，茶艺表演者不仅讲究外在形象，更应注重内在气质的培养。

1. 自然和谐

有茶艺表演，就有与观众的交流。举止是至关重要的，人的举止表露着人的思想及情感，它包括动作、手势、体态、姿态的和谐美观及表情、眼神、服装、佩饰的自然统一。因为成功的表演，不只是冲泡一杯色、香、味俱佳的好茶的过程，同时表演本身也是一次赏心悦目的享受。因此，必须在平时的训练中全身心地投入，在动作和形体训练的过程中，融入心灵的感受，体会茶的奉献精神和纯洁无私，与观众产生共鸣。

陆羽的《茶经》将茶道精神理论化，其茶道崇尚简洁、精致、自然的同时体现着人文精神的思想情怀。在中国传统文化中，和谐是一种重要的审美尺度。茶道也是如此，要使人们感受到茶道中的隽永和宁静，从有礼节的茶艺表演中感悟时间、生命和价值。

2. 从容优雅

泡茶是用开水冲泡茶叶，使茶叶中可溶物质溶解于水成为茶汤的过程。完成泡茶过程容易，而泡茶过程中的从容优雅的神态并不是人人都能体现的。这要求表演者不仅要有广博的茶文化知识、较高的文化修养，还要对茶道内涵有深刻的理解，否则纵有佳茗在手也无缘领略获其真味。

茶艺表演既是一种精神上的享受，也是一种艺术的展示，是修身养性、提高道德修养的手段。从容，并不等于缓慢，而是熟悉了冲泡步骤后的温文尔雅、井井有条。优雅，也不是故作姿态，而是了解茶、熟知茶、融入茶的意蕴后的再现。

3. 清神稳重

1）稳定镇静而不出差错地冲泡一道茶乃是茶艺表演的最基本要求。实践中，每一个握杯、提壶的动作都要有一定的力度，统一的高度。例如，往杯中注水都有不同的方法和速度，小臂、肩膀的动作应注重轻、柔、平衡，整个身躯必须挺拔秀美，而无论坐、站、行走都要讲究沉和收。

2）茶重洁性，泉贵清纯，都是人们所追求的品性。人与自然有着割舍不断的缘分。表演中追求的是在宁静淡泊、淳朴率直中寻求高远的意境和"壶中真趣"，在淡中有浓、抱朴含真的泡茶过程中，无论对茶与水，还是对人和艺都是一种高层次的审美探求。

3）初学茶艺者在模仿他人动作的基础上，要不断学习，加深思索，由形似到神似，最终会独树一帜，形成自己的风格。

4）要想成为一名优秀的茶艺表演者，不仅要注意泡茶过程是否完整，动作是否准确到位，而且要增加自身的文化修养，充分领悟其何处是序曲，何处是高潮，才能成功地为此划上圆满的休止符。

项目二十二　　花茶之王：茉莉花茶冲泡表演

【学习目标】

1．熟练掌握茉莉花茶的茶艺表演技艺。
2．自创一套名茶茶艺表演流程。

【关 键 词】

茶之性、茶之魂、茶之韵。

【预习思考】

1．如何选购茉莉花茶？茉莉花茶的冲泡要素是什么？
2．如何评价茶艺表演的艺术性？

【实训流程】

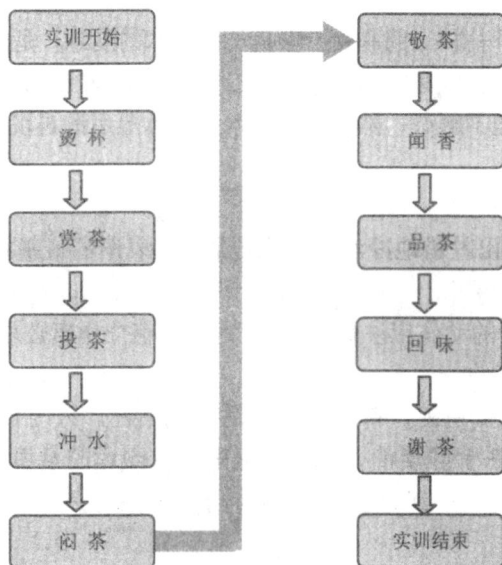

【实训时间】

实训授课 2 学时，共计 90 分钟，其中教师示范讲解 30 分钟，学生练习 50 分钟，教师点评、考核 10 分钟。

【实训要求】

能掌握规范、得体的操作流程及典雅、大方的动作要领，并能自纠错误，熟练操作。

【实训器具】

茶盘、盖碗 3 个，随手泡、茶荷、茶匙、茶巾、水方、茶道组合、茉莉花茶适量。

【实训方法】

1. 教师示范讲解。
2. 学生操作，教师点评。

【实训步骤与操作标准】

步 骤		操 作 标 准
烫杯	春江水暖鸭先知	① "竹外桃花三两枝，春江水暖鸭先知"，是苏东坡的一句名诗，苏东坡不仅是一个多才多艺的大文豪，而且是一个至情至性的茶人。 ② 借助苏东坡的这句诗描述烫杯，请各位充分发挥自己的想象力，看一看在茶盘中经过开水烫洗之后，冒着热气的、洁白如玉的盖碗，像不像一只只在春江中游泳的小鸭子？
赏茶	香花绿叶相扶持	① 赏茶也称"目品"。"目品"是花茶三品（目品、鼻品、口品）中的头一品，目品即观察鉴赏花茶茶坯的质量，主要观察茶坯的品种、工艺、细嫩程度及保管质量。茉莉花茶茶坯多为优质绿茶，茶坯色绿稚嫩，在茶中还混有少量的茉莉花干花，干花的色泽应白净明亮，这称为"锦上添花"。 ② 在用肉眼观察了茶坯之后，还要干闻花茶的香气。通过上述鉴赏，我们一定会感到好的花茶确实是"香花绿叶相扶持"，极富诗意，令人心醉
投茶	落英缤纷玉杯里	① "落英缤纷"是晋代文学家陶渊明先生在《桃花源记》一文中描述的美景。 ② 当我们用茶匙把花茶从茶荷中拨进洁白如玉的茶杯时，花干和茶叶飘然而下，恰似"落英缤纷"
冲水	春潮带雨晚来急	冲泡花茶也讲究"高冲水"。冲泡特极茉莉花茶时，要用 90℃左右的开水。热水从壶中直泄而下，注入杯中，杯中的花茶随水浪上下翻滚，恰似"春潮带雨晚来急"
闷茶	三才化育甘露美	① 冲泡花茶一般要用"三才杯"，茶杯的盖代表"天"，杯托代表"地"，茶杯代表"人"。人们认为茶是"天涵之，地载之，人育之"的灵物。 ② 闷茶的过程象征着天、地、人三才合一，共同化育出茶的精华
敬茶	一盏香茗奉知己	敬茶时应双手捧杯，举杯齐眉，注目嘉宾并行点头礼，然后从右到左，依次一杯一杯地把沏好的茶敬奉给客人，最后一杯留给自己
闻香	杯里清香浮清趣	① 闻香也称为"鼻品"，这是三品花茶中的第二品。品花茶讲究"未尝甘露味，先闻圣妙香"。闻香时三才杯的"天、地、人"不可分离，应用左手端起杯托，右手轻轻地将杯盖揭开一条缝，从缝隙中去闻香。 ② 闻香时主要看三项指标：一闻香气的鲜灵度，二闻香气的浓郁度，三闻香气的醇度。细心地闻优质花茶的茶香，是一种精神享受，一定会感悟到在"天、地、人"之间有一股新鲜、浓郁、醇正、清和的花香伴随着清悠高雅的花香，沁入心脾，使人陶醉

续表

步 骤		操 作 标 准
品茶	舌端甘苦入心底	品茶是指三品花茶的最后一品：口品。在品茶时依然是三才杯的"天、地、人"不分离，依然是用左手托杯，右手将杯盖的前沿下压，后沿翘起，然后从开缝中品茶，品茶时应小口喝入茶汤
回味	饮罢两腋清风起	① 唐代诗人卢仝的诗中写出了品茶的绝妙感觉。他写道："一碗喉吻润；二碗破孤闷；三碗搜枯肠，唯有文字五千卷；四碗发轻汗，平生不平事，尽向毛孔散；五碗肌骨清；六碗通仙灵；七碗吃不得，唯觉两腋习习清风生"。 ② 茶是祛襟涤滞，致清导和，使人神清气爽、延年益寿的灵物，只有细细品味，才能感受到那"两腋习习清风生"的绝妙之处
谢茶	茶味人生细品悟	人们认为一杯茶中有人生百味，无论茶是苦涩、甘鲜还是平和、醇厚，从一杯茶中人们都会有良好的感悟和联想，所以品茶重在回味

【综合测试】

考核评分表

班级：　　　　　　姓名：　　　　　　　　　　　　考核时间：　　年　　月　　日

序号	测试内容	得 分 标 准	应得分	自评分	小组互评分	教师评分
1	备具	物品准备齐全，摆放整齐，具有美感，便于操作	10分			
2	烫杯	取茶动作轻缓，不掉渣，语言介绍生动、简洁	10分			
3	赏茶	动作美观，翻杯盖无声响，逆时针回旋	10分			
4	投茶	投茶量把握正确	10分			
5	冲水	注水量均匀，水流沿杯壁下落，润茶的动作美观	10分			
6	闷茶	高冲水，水流不间断，水量控制均匀	10分			
7	敬茶	双手奉出，不碰杯口，使用礼貌用语	10分			
8	闻香	右手持杯盖，动作美观	10分			
9	品茶	双手捧杯，品饮不露齿	10分			
10	回味	动作准确，意味深长	10分			
	合　　计		100分			

【知识链接】

茶 艺 编 排

一、茶艺表演的艺术特征

茶艺表演在我国自古有之，随着现代茶艺的蓬勃发展，茶艺表演也逐渐成为一种全新的艺术表现形式。与一般的艺术表演相比，茶艺表演既具有一般艺术表演的共性特征，也存在着一些个性特征，具体如下。

1. 茶之性——静

茶树默默生长在大自然中，禀山川之灵气，得日月之精华，天然赋有谦谦君子之风。自然条件决定了茶性微寒，味醇而不烈，与一般饮料不同，其饮后使人清醒而不过度兴奋，更加安静、冷静、宁静、平静、雅静、文静。因此茶事活动一般都应具有静的特点。周渝先生曾说：静不是死板，静是活的，要由动来达到静，是每个人都能够达到的。有些人心里很烦，你要他去面壁，去思考，那更烦，更可怕。可是如果你专心把茶泡好，你自然就进去了，就"静"了。所以动中有静，静中有动，这是一个很简单的入静法门，又是很快乐的。茶艺和一般的艺术不同，它是静的艺术，动作不宜太夸张，节奏也不宜太快，音乐不宜太激昂，灯光不宜太强烈。

2. 茶之魂——和

和既是中国茶道的核心，也是中国茶艺的灵魂。自孔子创立儒家以来，直到后孟子、荀子等大家的丰富，"和"一直是中国儒家哲学的核心思想。历代茶人在茶事活动中常会注入儒家修身养性、锻炼人格的功利思想，同时也就将儒家的一些精髓融入茶事当中，并提出茶具有中和、高雅、和谐、和平、和乐、和缓、宽和等意义。因此无论是煮茶过程、茶具的使用，还是品饮过程、茶事礼仪的动作要领，都要不失和的风韵，选择的主题不宜太过对立、冲突、争斗、尖锐。

3. 茶之韵——雅

雅是中国茶艺的主要特征之一，它是在"和"、"静"基础上形成的神韵。在整个茶艺表演过程中，表演者应从始至终要表现出高雅、文雅、优雅的气质，不能俗气、俗套、俗不可耐。

茶艺表演的这三个艺术特征，我们在整个编创过程中应紧紧遵循，从整个茶事活动中体现出来。

二、茶艺程序编排要求

俗话讲："外行看热闹，内行看门道"，不少茶艺爱好者在观赏茶艺时往往只注意表演时的服装美、道具美、音乐美以及动作美而忽视了最本质的东西——茶艺程序编排的内涵美。一套茶艺的程序美不美要看以下4个方面。

1. 茶艺程序一看是否"顺茶性"

通俗地说就是按照这套程序来操作，是否能把茶叶的内质发挥得淋漓尽致，泡出一壶最可口的好茶来。各类茶的茶性（如粗细程度、老嫩程度、发酵程度、火工水平等）

各不相同，所以泡不同的茶时所选用的器皿、水温、投茶方式、冲泡时间等也应有所不同。表演茶艺如果不能把茶的色、香、味最充分地展示出来，如果泡不出一壶真正的好茶，那么表演得再花哨也称不得好茶艺。

2. 茶艺程序二看是否"合茶道"

通俗地说就是看这套茶艺是否符合茶道所倡导的"精行俭德"的人文精神和"和静怡真"的基本理念。茶艺表演既要以道驭艺又要以艺示道。以道驭艺，就是茶艺的程序编排必须遵循茶道的基本精神，以茶道的基本理论为指导；以艺示道，就是通过茶艺表演来表达和弘扬茶道的精神。

3. 茶艺程序三看是否科学卫生

目前我国流传较广的茶艺多是在传统的民俗茶艺的基础上整理出来的，有个别程序按照现代的眼光去看是不科学、不卫生的。有些茶艺的洗杯程序是把整个杯放在一小碗里洗，甚至是杯套杯洗，这样会使杯外的污垢粘到杯内，越洗越脏。对于传统民俗茶艺中不够科学、不够卫生的程序，在整理时应当扬弃。

4. 茶艺程序四看文化品位

这主要是指各个茶艺程序的名称和解说词应当具有较高的文学水平，解说词的内容应当生动、准确、有知识性和趣味性，应能够艺术地介绍出所冲泡的茶叶的特点及历史。

三、茶艺编排实例

实例一：千手观音

在这道茶艺中，按照"1"字重叠，"一脸六手"呈现经典铁观音炮制手法。通过十道茶艺程序，借千手观音典故来诠释三公主舍己救难，最终化身千手观音的至真至善至美的佛教传说故事，力求表现中华民族自古以来所秉承的和谐仁爱、舍己为人的崇高精神。

整套茶艺，力求将千手观音典故与茶艺程序糅合、提炼如下。

典　故	茶艺技法	提炼载体
慈航历劫转世	赏茶	千手观音出世祥兆与铁观音特征比拟
立誓安乐众生	洁具	千手观音誓愿消灾解难与洗涤凡尘比拟
幻化千手千眼	投茶	每一片铁观音茶叶犹如观音千片善巧
历磨难醒仙颜	洗茶	观音历经磨难洗涤凡尘
观音涅槃重生	冲茶	观音寂静涅槃与茶叶窨制的比拟
除苦难施利乐	斟茶	观音甘露普降与茶汤精华均分比拟
观音捧玉瓶	敬茶	观音玉瓶济世与敬奉茶汤的比拟

实例二：白蛇传奇

在这道茶艺中我们借助祁门红茶、相思梅和小金橘来讲述一个至恩至诚的故事：白蛇传奇。

整套茶艺，主泡二人通过动作、神情（一位传统单泡，一位创新双泡）诠释白蛇、青蛇个性；茶艺解说融合"说+唱"，来演绎白蛇报恩—西湖邂逅—悬壶济世—水漫金山—释母动天的传奇，力求将白蛇典故与茶艺程序糅合、提炼如下。

典　　故	茶艺技法	提　炼　载　体
西湖邂逅	赏茶	苦寻恩人与爱茶人巧遇好茶的情愫
苦寻报恩	投茶	苦等恩人与期待好茶的情愫
相思情动	洗茶	红茶茶汤宛若相思血泪洗涤心灵
悬壶济世	高冲	白许悬壶济世，宛若茶品在壶中交融吸纳
水漫金山	封壶	取"形"似，封壶固香
金橘添愿	投橘	取"橘"坚贞之意喻指白许凤凰于飞
释母动天	斟茶	倾出的茶汤喻指白蛇重获自由

项目二十三　乌龙极品：铁观音茶冲泡表演

【学习目标】

1. 熟练掌握铁观音的冲泡表演技艺。
2. 理解茶艺表演的动作美与神韵美。

【关键词】

冲水、刮沫、巡茶、点茶。

【预习思考】

1. 如何鉴别铁观音的品质？
2. 铁观音的冲泡要素是什么？

【实训流程】

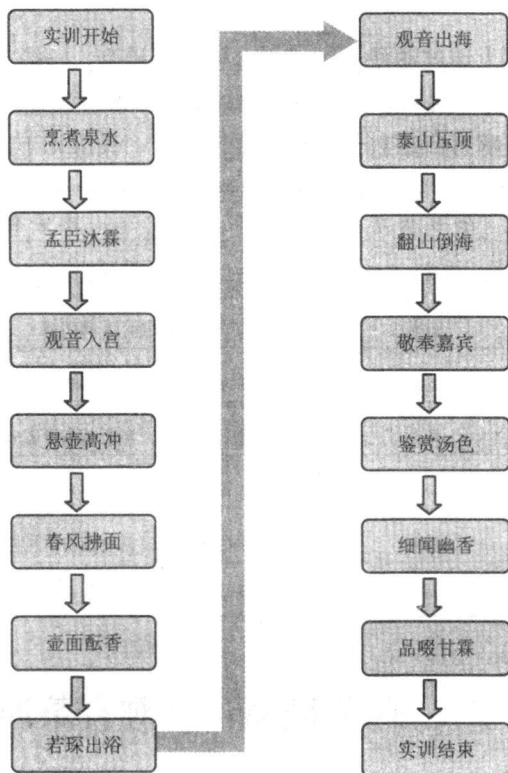

【实训时间】

实训授课 2 学时，共计 90 分钟，其中教师示范讲解 30 分钟，学生练习 50 分钟，教师点评、考核 10 分钟。

【实训要求】

能掌握规范、得体的操作流程及典雅、大方的动作要领，并能自纠错误，熟练操作。

【实训器具】

茶盘、紫砂壶 1 个、品茗杯 3 只、随手泡、茶荷、茶匙、茶巾、水方、茶道组合、安溪铁观音茶适量。

【实训方法】

1. 教师示范讲解。
2. 学生操作、教师点评。

【实训步骤与操作标准】

步 骤	操 作 标 准
备具	① 3 只若琛杯、闻香杯呈"一"字形列在茶盘上方; ② 紫砂壶放在茶盘中间,茶盘两旁分别摆放茶荷、茶道用品组、随手泡和水方
展示茶具	按照台面摆放顺序,将茶具依次向客人展示,并分别介绍其功能
烹煮泉水	沏茶择水最为关键,水质不好,会直接影响茶的色、香、味,只有好水茶味才美。冲泡安溪铁观音,烹煮的水温须达到100℃,这样最能体现铁观音独特的音韵
孟臣沐霖	"孟臣沐霖",洗紫砂壶,这不但能保持壶身有一定的温度,又讲究卫生,起到消毒的作用
观音入宫	右手拿起茶漏把茶叶装入,左手拿起茶匙把铁观音装入紫砂壶
悬壶高冲	提起水壶,对准紫砂壶,先低后高冲入,使茶叶随着水流旋转而充分舒展
春风拂面	左手提起壶盖,轻轻地在壶面上绕一圈把浮在壶面上的泡沫刮起,然后右手提起水壶把壶盖上的泡沫冲净
壶面酝香	铁观音茶采用半发酵制作,其生长环境得天独厚,采制技艺十分精湛,素有"绿叶红镶边,七泡有余香"之美称,具有防癌、美容、抗衰老、降血脂等特殊功效。 茶叶下壶冲泡,须等待一分钟,这样才能充分释放出独特的香和韵。冲泡时间太短,色、香、味显示不出来,太久会有"熟汤味"
若琛出浴	"若琛出浴",洗品茗杯与闻香杯。 铁观音正泡大概需要1分钟,在这个过程中可以进行温杯的程序。 用茶夹夹取品茗杯,将水倒入水方中。 用茶巾轻拭品茗杯、闻香杯外侧及杯底的水渍
观音出海	也可称为"降龙行雨",把茶水依次巡回均匀地斟入各茶杯里,斟茶时应低行
点水留香	也可称为"精华均分",就是斟茶到最后瓯底最浓部分,要均匀的一点一点滴到各茶杯里,达到浓淡均匀、香醇一致
敬奉香茗	茶艺服务人员双手端起茶盘彬彬有礼地向各位嘉宾、朋友敬奉香茗
鉴赏汤色	品饮铁观音,首先要观其色,就是观赏茶汤的颜色,名优铁观音的汤色清澈、金黄、明亮,让人赏心悦目
细闻幽香	就是闻其香,铁观音天然赋予的兰香、桂花香,清香四溢,让人心旷神怡
品啜甘霖	就是品其味,品啜铁观音的韵味,有一种特殊的感受。你呷上一口含在嘴里,慢慢送入喉中,顿时觉得满口生津,齿颊留香,六根开窍清风生,飘飘欲仙最怡人

【综合测试】

考核评分表

班级：　　　　　姓名：　　　　　　　　　　　　　　　　考核时间：　　年　　月　　日

序号	测试内容	得分标准	应得分	自评分	小组互评分	教师评分
1	备具	物品准备齐全，摆放整齐，具有美感，便于操作	10分			
2	洗杯	动作美观，逆时针回旋	10分			
3	落茶	投茶量把握正确	15分			
4	温润泡	注水量均匀，润茶的动作美观	10分			
5	冲茶	高冲水，水流不间断，水量控制均匀	10分			
6	巡茶	手法正确，分量均匀	15分			
7	点茶	手法正确，汤色均匀	10分			
8	奉茶	双手奉出，不碰杯口	10分			
9	品茶	三龙护鼎，用心品味	10分			
		合　计	100分			

【知识链接】

茶艺表演的动作美与神韵美

每一门表演艺术都有其自身的特点和个性，在表演时要准确把握个性，掌握尺度，表现出茶艺独特的美学风格。茶艺表演讲究"韵"和"圆"。

"韵"是我国艺术美学的最高范畴，可以理解为传神、动心、有余意。在古典美学中常讲"气韵生动"，在茶艺要达到气韵生动要经过 3 个阶段的训练。第一阶段要求达到熟练，这是打基础，因为熟能生巧；第二阶段要求动作规范、细腻、到位；第三阶段才要求传神达韵。

"圆"就是指整套动作要一气贯穿，成为一个生命的机体，让人看了觉得一股元气在其中流转，感受到其生命力的充实与弥漫。

一、茶艺表演的动作美

茶艺表演的动作在整个表演中的地位是十分重要的，失去了动作，茶艺表演也就无从谈起。从某种意义上来讲，茶艺表演的动作已经不单单是一种动作了，而是要求这种动作能表达出相应的含义，要充分体现出动作的意义所在。

一套完整的茶艺表演，总是建立在明确的主题思想上的，并由各个单独静止的动作组合成流畅的步骤流程。因此，创作一套茶艺表演，其方法是选取大量的跟所表达的主题思想相一致的动作"符号"，再加以梳理整合而成。一方面，在选取动作"符号"时，要仔细考察动作的表现力及感染力，目的是为了最终使整套表演具有很强的主题思想，能够让人欣赏时自然而然产生一种主题的联想及感受。就根源而言，思想都是来源于生活的，因此所选的动作"符号"也必定要来源于生活，来源于生活中的各种元素，而对于哪些元素具有较强的表现力，则要充分考虑到动作"符号"跟人们生活的亲近性、熟悉性、深刻性和震撼性等，也就是"符号"在人们脑海中要有深刻的记忆，越是深刻就越容易让人产生回忆联想，就越能让人体会到作品的主题思想。另一方面，在做动作"符号"的梳理整合时，必定要求有一个新颖独特的表现方式及茶艺表演的步骤。

在每一步骤中，茶艺表演讲求姿势的美感，这样来看，茶艺表演的动作就要有一定的变化程度以及恰到好处的舒展，这样才能引起人们欣赏时美的享受，同时还要考虑到动作的合理性。可以说，茶艺表演是文人雅士的武术表演。

二、茶艺的神韵美

茶艺的神韵美和茶艺师的表演及茶艺程式的编排关系最为密切。茶艺神韵是一个比较抽象和空灵的概念，但她又离不开具体的茶艺表演形式，是一种更加理性化和精神化的东西，也是认真咀嚼后的心得。

譬如绘画，古人区分绘画作品为能品、妙品、神品、逸品，其中神品、逸品最有神韵。再譬如诗歌，《沧浪诗话》区分诗歌为九品，九品外还有神品，其中神品为诗歌美之极致。

茶艺神韵也是如此。茶艺表演可以区分为上品、下品和神品。举凡那些没有个性，没有特点，东拼西凑的"混合型茶艺"都属下品；举凡那些编排合理，有一定茶文化内涵的茶艺表演可归为上品；神品的要求很高，不但要有个性、有特点、有一定的茶文化内涵，更要有一定的茶道精神在里面，有一种神韵在其中，能达到出神入化的境地，为茶艺表演之极致。如何使茶艺表演达到出神入化的境地呢？我以为除了上面谈到的四个因素外，茶艺师的个人修养和气质以及对茶的感悟尤其重要。茶艺表演到了一定境界时，所表演的形式甚至内容已经淡化了，重要的是表演者的个性表现——准确点说是人性的表现。如何处理好其间关系，如何把善良美好人性通过茶艺表演凸现出来，不仅是一个优秀茶艺师应该经常思考和实践的话题，也是我们评判茶艺表演有没有神韵的标准。

模块 **五**

茶 道 欣 赏

通过本模块的学习与训练，学生可以了解日本茶道、韩国茶礼、英国下午茶的茶室、茶具、品茗要求等相关礼仪知识，了解日本茶道、韩国茶礼、英国下午茶的基本程序和发展现状。能深层领悟茶文化内涵，提高学生的综合职业素养。在老师的指导下进行一般的日本茶道表演。

项目二十四　感悟日本茶道

【学习目标】

　　1. 了解日本茶道的发展史。
　　2. 熟悉日本茶道的茶室和茶具。
　　3. 比较中日茶道的差别。

【关 键 词】

　　荣西禅师、村田珠光、武野绍鸥、千利休、表千家、里千家。

【预习思考】

　　1. 日本茶道的茶室和茶具有何特点？
　　2. 日本茶道的宗旨是什么？

【实训流程】

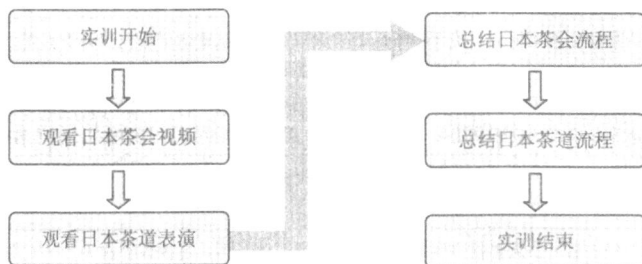

【实训时间】

实训授课 2 学时，共计 90 分钟，其中教师播放视频 35 分钟，教师讲解 10 分钟，学生讨论 35 分钟，教师点评、考核 10 分钟。

【实训器具】

多媒体设备、活动座椅教室、日本茶会及茶道视频等。

【实训要求】

认真观看视频，做记录。

【实训方法】

1. 教师播放视频。
2. 学生 4 人为一组，研讨日本茶会流程与日本茶道表演程式。

【实训步骤与操作标准】

1. 日本茶道正式茶会流程

程序名称	说　　明
穿越露地	进入茶室前，客人需要换上草履（带带儿的日式草鞋），进入露地。在被称为"腰挂待合"的地方稍事停留，以待亭主的迎接。目的在于让人在通过露地时净化心境，摒除一切尘世杂念，归于醇和
蹲踞净漱	进入露地后，客人们踏着飞石行进，来到茶室前面的"蹲踞"。首先用右手拿起柄勺汲一勺水，用这勺水的一部分清洗左手；然后将柄勺换到左手，用勺中剩下的水清洗右手。再汲一勺水，将水倒在右手掌心，用掌心中的水漱两回口，之后两手握住勺柄，勺口对着自己慢慢竖起柄勺，让柄勺中剩下的水沿着勺柄慢慢流下，以清洗勺柄，然后将柄勺放回原先的位置，继续向茶室行进。此处洗漱的目的是净洁身心
进入茶室	主人应先在茶室的活动格子门外跪迎宾客，第一位进茶室的必须是来宾中的首席宾客（称为正客），其他客人则随后依次进入茶室。进入时，要膝盖先着地，环顾茶席并行礼，之后两膝交替向前踏着进入茶室。进入茶室后，保持身体基本姿势不变，转过身来，面向外，宾主相互鞠躬致礼，主客面对面坐，而正客须坐于主人上手（即左边）。这时主人即去"水屋"取风炉、茶釜、水注、白炭等器物，而客人可浏览室中的挂轴、字画、插花及风炉、釜（烧水用具）等茶道具

续表

程 序 名 称	说 明
进入茶室	主人取器物回茶室后，跪于榻榻米上生火煮水，并从香盒中取出少许香点燃。在风炉上煮水期间，主人要再次至水屋忙碌，这时众宾客可自由在茶室前的花园中闲步。待主人备齐所有茶道器具，这时水也将煮沸了，宾客们再重新进入茶室，在自己的位置上坐下（按规矩需要"正坐"，即双腿并拢，小腿着地，臀部坐在双脚上），将扇子放在身后，正客的扇子尾部向右，其他客人的扇子尾部向左
炭点前	为了烧出适度的水，就要对作为燃料的炭及火候进行调节，这就是炭点前。一般来说，主人等到客人们围绕炉边坐定时，就会开始进行炭点前
品尝怀石料理	客人坐定后，主人要招待客人吃饭，一般是三菜一汤，这种饭食称为"怀石"。据《南方录》记载，和尚为了修行不食，便在怀中放一石来抵抗饥饿。因此"怀石"就是粗茶淡饭的意思。主人的茶道观一般通过其烹饪的饭菜表现出来
品尝点心	客人再次进茶室入座，主人便会从正客开始，依次向每一位客人边寒暄边进献精美的点心。 如果是"浓茶"茶会，将使用生鲜点心；如果是"薄茶"茶会，则使用干点心
茶点前	主人坐在风炉旁，开始生火、加水。然后用一块红色把帕大小的绸缎把事先已经擦洗干净的茶具当着客人的面再擦洗一次。最后用烧开的开水再消毒一次。这才开始正式的点茶：主人用精致的小茶勺往茶碗中放入适量浅绿色茶末，再用竹制的水舀将沸水注入茶碗内，水不能外溢，而且倒水时要尽量产生潺潺的水声。 点茶完毕后，主人用左手掌托碗，右手五指持碗边，跪地后举至与自己额头平齐，献给客人。客人接过茶碗也须举碗齐眉以示向主人致谢，放碗后重新举起才能饮茶。品茶时要吸气，并发出"啧啧"的声音，以示对茶的赞美。待正客饮茶后，余下客人才能依次传饮。饮时可每人一口轮流品饮，也可各人饮一碗，饮毕用大拇指和纸擦干净茶碗，仔细欣赏茶碗，再把茶碗递回给主人
欣赏道具	在茶会之中，当主人点完茶后并准备拿着道具离开茶室之前，作为规矩，正客一定要提出欣赏道具的请求。在客人们品茶及欣赏道具的过程中，正客会与主人进行语言上的交流，谈话的内容一般局限于和茶有关的话题，诸如关于道具的话题等。客人们借此来了解此次主题并力求达到主客间心灵的沟通
茶室送客	礼仪完毕，主人在茶室的门侧跪送客人，接受客人临别的赞颂和致谢

2. 日本"里千家"禅宗茶道的表演程式

程 式 名 称		说 明
布景		演示台中有一个四扇屏风，罩以洁白的细布，上面挂一条幅，上书"无事是好年"5字。地上铺绿色地毯，颇显情趣。演示台下右前方竖一把大红遮阳伞，别具一格，增添了田野情趣。条幅前的地面上摆一竹篮插花，精美奇巧，使人产生雅洁之感。在台右前方置有风炉、茶釜、小水坛、木炭、火箸等茶具
演示程式	备具迎客	演示者共有5人，均系女性，有二主（茶道主持人、茶师）三客。①主人登台备具。②宾客脱鞋躬身入内表示谦逊，主人则跪在门前迎接，以示尊敬。③客人依次行礼，首先拜见主人，继而跪拜条幅，然后跪坐于演示台左侧，面向主人。④就座后，宾主致辞，观赏茶具。女客们每人手持一把折扇，态度平和，静思默想，好像佛家僧侣禅功打坐，静虑修心，回归净土，进入真我境界的"禅定"情景
	生火烧水	①二主人跪坐在竹制茶架前的地上生火，用火箸把木炭夹入风炉内，成格子形。不一会儿，釜底火焰腾起，泉水冒出小气泡。②主人神情专注地从绢袋里取出储茶罐、小茶匙、小竹帚，并将几只式样古典的琉璃色茶碗用一红巾擦拭，一字儿就地摆开，显示日本茶事中一切讲求清洁，一尘不染。待水鼎沸，水蒸气袅袅升起，如佛堂轻烟，烘托出一种超凡脱俗的气氛。③此时，主人抬头冲客人嫣然一笑，然后从容不迫地揭开储茶罐的盖子，用茶匙舀茶两勺半

续表

程 式 名 称		说　明
演示程式	静心泡茶	茶师用勺舀沸水，轻轻地依次注入茶碗，只冲茶半碗。然后用茶帚依次搅动，动作熟练迅疾，搅茶末上下翻滚，沉沉浮浮。稍停片刻，茶末沉底，沫饽浮起，茶汤浓如豆汁
	敬奉茶点	敬茶前，一主人悄然而立，按照客人的辈分大小为客人敬上小巧玲珑、色艳味美的日本茶点
	谦恭敬茶	①主人谦恭地先向首席客人敬茶，然后将第二、第三碗茶依次敬献给第二、第三位客人。②敬茶时左手托碗，右手扶碗，恭恭敬敬走到宾客面前，跪坐献茶，茶碗举起，与额角齐平。客人接茶用左手托碗，右手扶碗。③从左边向右转一圈，以示拜观茶碗，然后举碗齐额，再放下
	细口慢酌	①敬茶毕，客人端起茶碗，轻轻转动茶碗，以示领受主人情意及其点茶的匠心。②客人饮茶可分为"轮饮"和"单饮"。若是深绿色的浓茶，要轮流饮；若是淡茶，就每人一碗单饮。单饮，定要三口喝尽。客人咽下茶叶时，口中发出轻轻响声，表示对茶的赞美。③然后是主人殷勤续茶1～2次
	茶毕送客	①茶毕，主宾对话，一般在于欣赏、品评那优质名贵的末茶及茶碗，气氛极为和谐融洽。②茶道仪式结束，客人道谢，主人跪送。客人辞前先拜茶具，再拜条幅。③客人走后，主人缓缓收拾茶具，其神情寂然

【综合测试】

考核评分表

班级：　　　　　姓名：　　　　　　　　　　　　　考核时间：　　年　　月　　日

序号	测试内容	应得分	自评分	小组互评分	教师评分
1	描述日本茶道正式茶会流程	30分			
2	描述日本"里千家"禅宗茶道的表演程式	30分			
3	分析中日茶道的差别	40分			
	合　计	100分			

【知识链接】

日　本　茶　道

一、日本茶道的发展

中国茶叶大约在唐代随着佛教的传播进入朝鲜半岛和日本列岛，最先将茶叶引入日本的是日本的僧人。公元1168年，日本国荣西禅师历尽艰险到中国学习佛教，因为对中国茶道产生了浓厚的兴趣而刻苦钻研"茶学"。回国时，他将大量中国茶种与佛经带回日本，在日本遍植茶籽，赠饮他人，并在佛教中大力推行"供茶"礼仪。当时他曾用茶叶治好了镰仓幕府将军源实朝的糖尿病，又撰写了《吃茶养生记》，以宣传饮茶之神效。因此，荣西历来被尊为日本国的"茶祖"。

15世纪，日本著名禅师一休的高足村田珠光首创了"四铺半草庵茶"，而被称为日本

"和美茶"之祖。珠光认为茶道的根本在于清心，清心是"禅道"的中心。他将茶道从单纯的享受转化为节欲，体现了修身养性的禅道核心。其后日本茶道经武野绍鸥的进一步推进而达到"茶中有禅"、"茶禅一体"的意境。而绍鸥的高足，享有茶道天才之称的千利休，又于16世纪时将以禅道为中心的"和美茶"发展而成贯彻"平等互惠"的利休茶道，成为平民化的新茶道，在此基础上归结出以"和、敬、清、寂"为日茶道的宗旨，"和"以行之；"敬"以为质；"清"以居之；"寂"以养志。至此，日本茶道初步形成。

二、日本茶道的茶室和茶具

日本茶道的"茶室"又称"本席"、"茶席"，为举行茶道的场所。日本的茶室一般用竹木和芦草编成。茶室分为床间、客、点前、炉踏达等专门区域，茶室面积一般以置放四叠半"榻榻米"为度，为9～10平方米，小巧雅致，结构紧凑，以便于宾主倾心交谈。除了讲究室外的幽雅环境，还很讲究室内的布局与装饰。通常壁上挂一幅古朴的书画，再配上一枝或几枝鲜花装饰，虽简单却显得高雅幽静。插花品种视四季而有不同。茶客进入茶室后，应安静、恭谨地跪在"榻榻米"上，身穿和服的茶人也跪在"榻榻米"上，先打开绸巾擦茶具、茶勺；用开水温热茶碗，倒掉水，再擦干茶碗；又用竹刷子拌沫茶，并斟入茶碗冲茶。茶碗小而精致，一般使用黑色陶器，日本人认为幽暗的色彩自有朴素、清寂之美。日本茶道的茶具也源于中国工夫茶具。其基本茶具与潮州工夫茶具一样也分四大件：凉炉——煮水用的风炉；茶釜——煮水用的铁制的有盖大钵；汤瓶——泡茶用的带柄有嘴罐，称"急须"；茶碗——盛茶汤用的瓷碗。

三、日本茶道的礼仪

在茶道的礼仪做法中，有清洗茶筅的部分，初次清洗茶筅时，应当要将茶筅清洗干净，而在客人面前，将茶筅洗净，然后轻敲三下举起两下后，便完成了清洗的动作，在结束的时候，则是先用热水将茶碗中的余茶洗净，然后再用热水洗净茶筅，最后轻敲两下后举起，如此便完成了结束时的清洗动作。即使同样是茶筅，但是开始和结束时的意义却有不同，不能混淆。

献茶前先上点心，以解茶的苦涩味，然后接着献茶。献茶的礼仪很讲究：茶主人跪着，轻轻将茶碗转两下，将碗上花纹图案对着客人，客人双手接过茶碗，轻轻转上两圈，将碗上花纹图案对着献茶人，并将茶碗举至额头，表示还礼。然后分三次喝完，即三转茶碗轻啜慢品。饮茶时嘴中要发出"吱吱"的响声，表示对茶的赞扬。饮毕，客人要讲一些吉利的话，特别要赞美茶具的精美、环境布局的优雅以及感谢主人的款待。这一切完成后，茶道就结束。在茶道的最高礼遇中，献茶前请客人吃丰盛美味的"怀石料理"，即用鱼、蔬菜、海草、竹笋等精制的菜肴。

四、中日茶道的差别

中国的茶文化历史悠久，层次复杂，内容丰富，虽然没有茶道的规程仪式，但不可否认中国是有茶道的。日本茶道自成体系，有其严格的程式，虽然具有浓郁的民族特色和风格，但也不可避免地显示了有中国传统茶文化内涵的巨大影响。

中国茶文化以儒家思想为核心，融儒、道、佛为一体，三者之间是互相补充的多、相互抵触的少，使中国的茶文化内容非常丰富。而日本的茶道的思想则主要反映了禅宗思想，背景为佛教，即日本茶道的核心是"禅"。在日本，茶道是以禅的宗教内容为主体，以使人达到大彻大悟为目的而进行的一种新型的宗教形式。关于禅宗与茶道的关系，必须指出的是，历代日本大茶人都要去禅寺修行数年，从禅寺获得法名，并终生受禅师的指导，但在他们获得法名之后，并不留在寺院里，而是返回茶室过茶人的生活。茶人的生活近似常人的生活，近似艺术家的生活。所以说，茶人虽然通过禅宗学习到了禅，与禅宗持有法嗣关系，但是茶道有其独立性，是独立存在于禅寺之外的一种"在家禅"。如果把禅寺里的宗教活动叫做"寺院禅"，那么茶道与禅宗便产生了平行并列的关系，同是"禅"的衍化。

中国人通过饮茶贯彻儒家的礼、义、仁、德等道德观念，以及中庸、和谐的精神；日本茶道的"和、敬、清、寂"则公开申明了"茶禅一位"，吸收了中国茶文化思想的部分内容，它规劝人们和平共处，互敬互爱，廉洁朴实，修身养性。

日本茶道程序严谨，强调古朴、清寂之美；中国茶文化更崇尚自然美、随和美。日本茶道源于佛教禅宗，提倡空寂之中求得心物如一的清静之美是顺理成章的，但它的"四规"、"七则"似乎过于拘泥于形式，打躬静坐，使世人很少能感受到自然的畅快。中国茶文化最初由饮茶上升为精神活动，在传统中强调自然美学，因而更加随和、写意。

中国茶文化包含社会各个层次的文化；日本茶文化尚未具备全民文化的内容。中国茶文化自宋代深入市民阶层，其最突出的代表便是大小城镇广泛兴起的茶楼、茶馆、茶亭、茶室。在这种场合，士农工商都把饮茶作为友人欢会、人际交往的手段，成为生活本身的内容，民间不同地区更有极为丰富的"茶民俗"。日本人崇尚茶道，有许多著名的世家，茶道在民众中亦很有影响，但其社会性、民众性尚未达到广泛深入的层面。在这点上，中国的茶道更具有民众性，日本的茶道更具有典型性。

总体说来，中日茶道都追求人与人的平等相爱和人与自然的高度和谐，是修身养性、进行人际交往的行之有效的方式。

项目二十五　感知韩国茶礼和英国下午茶

【学习目标】

1. 了解韩国茶礼的特点。
2. 熟悉韩国茶礼叶茶法的流程。
3. 了解英国下午茶的特点和礼仪规范。

【关 键 词】

和、敬、俭、真。

【预习思考】

1. 韩国茶礼的宗旨是什么？
2. 英国下午茶的礼仪有何特点？

【实训流程】

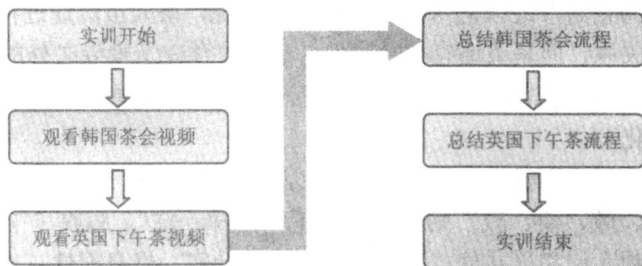

【实训时间】

实训授课 2 学时，共计 90 分钟，其中教师播放视频 35 分钟，教师讲解 10 分钟，学生讨论 35 分钟，教师点评、考核 10 分钟。

【实训器具】

多媒体设备、活动座椅教室、韩国茶会、英国下午茶茶道视频等。

【实训要求】

认真观看视频，做记录。

【实训方法】

1. 教师播放视频。
2. 学生 4 人为一组，研讨韩国茶会、英国下午茶茶道表演程式。

【实训步骤与操作标准】

1. 韩国茶礼煎茶法程序

程式名称	要点与说明
迎宾	宾客光临，主人必先至大门口恭迎，并以"欢迎光临"、"请进"、"请这边走"等礼仪用语迎客引路。宾客必须按年龄大小顺序随行。进茶室后，主人必立于东南向，向来宾再次表示欢迎后，坐东面西，而客人则坐西面东。如果客人之间不认识，由主人安排就座

程式名称	要点与说明
准备	伴随着韩国的民乐，主人端坐于垫单上，摆好所需要的茶具（包括客人茶桌、主人茶桌、茶壶、茶杯、茶杯垫、退水器、茶筒、茶巾、莲花样的茶银匙）以及辅助用具（辅助茶盘、桌上盖布、茶食、筷子）。桌上盖布特别讲究，上面是红色的代表男性，下面是蓝色的代表女性。这里有对男性尊敬的意思，也就是说天男、地女
温具	收拾、折叠茶巾，将茶巾置茶具左边，然后把茶罐盖取下放在茶罐右边，左手握茶巾，右手提着茶壶将烧水壶中的开水倒入茶罐内后放回原位。右手把茶罐盖子盖上，温壶预热。再左手按着茶罐的盖子，右手提着茶罐，将茶罐中的水分别平均注入茶杯，温杯后即弃之于退水器中
煎茶	右手取下茶罐盖子放在茶罐右边。左手捏茶筒，右手把茶筒盖子脱下放在茶筒的左边。右手用茶匙取茶叶放入茶罐里（根据不同的季节，采用不同的投茶法。一般春秋季用中投法，夏季用上投法，冬季则用下投法。投茶量为一杯茶投一匙茶叶），茶匙放回原处；同时盖好茶筒盖，放回原处。之后左手拿茶巾按水罐，右手提开水壶倒水入茶罐内，后放回原处。盖好盖子，茶巾放回原处。过 3～5 分钟后，左手拿茶巾按住茶罐盖子，右手提茶罐按顺序把冲泡好的茶汤倒入茶杯，分三次缓缓注入杯中，茶汤量以斟至杯中六七分满为宜。把茶罐放回原处
品茶	茶沏好后，主人把茶杯置于茶杯垫上，恭敬地将茶捧至来宾前的茶桌上，自己的茶杯放在茶罐的左边。捧起自己的茶杯，对宾客注目示意，口中说"请喝茶"，宾主即可一起举杯品饮。第一道茶之后，可继续品第二道茶，方法与前一致。在品茗的同时，主人会给客人分送各式糕饼、水果等清淡茶食以佐茶
送客	主人与客人各自用右手把桌子盖布拿起来，放在左大腿上或是右大腿上整理后盖在主人桌子上和辅助桌子上。主人站起送客。洗杯等后续工作应在送客之后进行，因为客人还在的时候洗杯缺乏礼貌

泡茶的步骤与煎茶法大同小异，也包括揭茶布、摆茶具、温杯预热、投茶、泡茶、倒茶、奉茶、品茶、收茶具、铺茶布等步骤。

2. 英国下午茶

名　　称	要点与说明
时间	喝下午茶的最正统时间是从下午 4:00 开始
场所	室内宽敞的起居室或者会客室等，或室外庭院
着装	在正式的下午茶会，男性要着燕尾服，戴高帽子及手持雨伞；女性一定要穿白色西装，戴帽子
器具	瓷器茶壶（两人壶、四人壶或六人壶，视招待客人的数量而定）、滤匙及放过滤器的小碟子、杯具组、糖罐、奶盅瓶、三层点心盘、茶匙（茶匙正确的摆法是与杯子成 45 度角）、个人点心盘、茶刀（涂奶油及果酱用）、吃蛋糕的叉子、放茶渣的碗、餐巾、一盆鲜花、保温罩、木头托盘（端茶品用）、蕾丝手工刺绣桌巾或托盘垫、大吉岭红茶或伯爵茶（如今也有加味茶）
点心	点心是用三层点心瓷盘装盛的，第一层放三明治，第二层放传统英式点心松饼，第三层放蛋糕及水果塔。吃松饼时要先涂果酱，再涂奶油
用茶	客人不能自己倒茶，通常是由女主人着正式服装亲自为客人服务，非不得已才让女佣协助以表示对来宾的尊重。为了营造出悠闲的饮茶气氛，主人还会播放优美的音乐
用点心	茶点的食用顺序是味道由淡而重、由咸而甜。先尝尝带味咸味的三明治，让味蕾慢慢品出食物的真味，再喝饮几口芬芳四溢的红茶；接下来是涂抹上果酱或奶油的英式松饼，让些许的甜味在口腔中慢慢散发；最后才由甜腻厚实的水果，带领你品尝下午茶点的最高潮

【综合测试】

考核评分表

班级：　　　　姓名：　　　　　　　　　　　　　　　　　　　考核时间：　　年　　月　　日

序号	测试内容	应得分	自评分	小组互评分	教师评分
1	描述韩国茶会流程	30 分			
2	描述英国下午茶流程与要求	30 分			
3	分析韩国茶礼和英国茶道的特点	40 分			
	合　计	100 分			

【知识链接】

韩国茶礼与英国茶道

一、韩国茶礼茶道

韩国的饮茶史也有数千年的历史。公元 7 世纪时，饮茶之风已遍及全国，并流行于广大民间，因而韩国的茶文化也就成为韩国传统文化的一部分。在历史上，韩国的茶文化也曾兴盛一时，源远流长。在我国的宋朝、元朝时期，全面学习中国茶文化的韩国茶文化，以韩国"茶礼"为中心，普遍流传中国宋元时期的"点茶"。约在我国元代中叶后，中华茶文化进一步为韩国理解并接受，而众多"茶房"、"茶店"、茶食、茶席也更为时兴、普及。

20 世纪 80 年代，韩国的茶文化又再度复兴、发展，并为此还专门成立了"韩国茶道大学院"，教授茶文化。现韩国每年 5 月 25 日为茶日，年年举行茶文化祝祭。其主要内容有韩国茶道协会的传统茶礼表演、韩国茶人联合会的成人茶礼和高丽五行茶礼以及国仙流行新罗茶礼、陆羽品茶汤法等。

和日本茶道一样，源于中国的韩国茶道其宗旨是"和、敬、俭、真"。"和"即善良之心地；"敬"即彼此间敬重、礼遇；"俭"即生活俭朴、清廉；"真"即心意，心地真诚，人与人之间以诚相待。

现代韩国的茶礼种类繁多，各具特色，如按名茶类型区分，即有"末茶法"、"饼茶法"、"钱茶法"、"叶茶法" 4 种。一般的茶礼包括环境、茶室陈设、书画、茶具造型与排列、迎客、投茶、注茶、茶点、吃茶等。

高丽五行茶礼是韩国最高层次的茶礼，属于国家级的进茶仪式，规模宏大、人数众多、内涵丰富，原为古代茶祭的一种仪式。

高丽五行茶礼的祭坛设置：在洁白的帐篷下，并排 8 只绘有鲜艳花卉的屏风，正中张挂着用汉字繁体字书写的"茶圣炎帝神农氏神位"的条幅，条幅下的长桌上铺着白布，长桌前置放小圆台三只，中间一只小圆台上放青瓷茶碗一只。

茶礼的参与者可达 50 余人，要有严谨有序的入场顺序。入场式开始，由茶礼主祭进行题为"天、地、人、和"的茶礼诗朗诵。这时，身着灰、黄、黑、白短装，分别举着红、蓝、白、黄，并绘有图案旗帜的 4 名旗官进场，站立于场内四角。

随后依次是两名身着蓝、紫两色宫廷服饰的执事人、高举着圣火（太阳火）的男士、两名手持宝剑的武士入场。执事人入场互相致礼后分立两旁，武士入场要做剑术表演。接着是两名中年女子持红、蓝两色蜡烛进场献烛，两名女子献香，两名梳长辫着淡黄上装红色长裙的少女手捧着青瓷花瓶进场，另有两名献花女则将两大把艳丽的鲜花插入青花瓷瓶。

这时，"五行茶礼行者"共 10 名妇女始进场。她们皆身着白色短上衣，穿红、黄、蓝、白、黑各色长裙，头发梳理成各式发型盘于头上，成两列坐于两边。用置于茶盘中的茶壶、茶盅、茶碗等茶具表演沏茶，沏茶毕全体分两行站立，分别手捧青、赤、白、黑、黄各色的茶碗向炎帝神农氏神位献茶。献茶时，由五行献礼祭坛的祭主，一名身着华贵套装的女子宣读祭文，祭奠神位毕，即由 10 名五行茶礼行者向各位来宾进茶并献茶食。最后由祭主宣布"高丽五行茶礼"祭礼毕，这时四方旗官退场，整个茶祭结束。

二、英国茶道

茶是英国人普遍喜爱的饮料，80%的英国人每天饮茶，茶叶消费量约占各种饮料总消费量的一半。英国本土不产茶，而茶的人均消费量占全球首位，因此，茶的进口量长期遥居世界第一。

英国人饮茶始于 17 世纪。1662 年葡萄牙凯瑟琳公主嫁与英王查尔斯二世，将饮茶风尚带入英国皇室。凯瑟琳公主视茶为健美饮料，嗜茶、崇茶，被人称为"饮茶皇后"。由于她的倡导和推动，使饮茶之风在朝廷盛行起来，继而又扩展到王公贵族和贵豪世家，乃至深入普通百姓之家。为此，英国诗人沃勒在凯瑟琳公主结婚一周年之际特地写了一首有关茶的赞美诗："花神宠秋月，嫦娥矜月桂；月桂与秋色，难与茶比美。"

英国人好饮红茶，特别崇尚汤浓味醇的牛奶红茶和柠檬红茶。 目前，英国人喝茶，多数在上午 10 时至下午 5 时进行。倘有客人进门，通常也只有在这时间段内才有用茶敬客之举。英国人特别注重午后饮茶，在英国的饮食场所、公共娱乐场所，都供应下午茶。在英国的火车上还备有茶篮，内放茶、面包、饼干、红糖、牛奶、柠檬等，供旅客饮下午茶用。下午茶实际上是一餐简化了的茶点，一般只供应一杯茶和一碟糕点。只有招待贵宾时，内容才会丰富。品饮下午茶已成为当今英国人的重要生活内容，并已开始传向欧洲其他国家，并有扩展之势。

这种品茶方式产生的最初只是在家中用高级、优雅的茶具来享用茶，后来渐渐演变成招待友人欢聚的社交茶会，进而衍生出各种礼节。虽然下午茶现在已经简单化，但是正确的泡茶方式、喝茶的优雅摆设以及丰盛的茶点则被视为下午茶的传统而继续流传下来。在英国，一些重大的社交场合，请重要亲友，多半以正统的英国奶茶来招待宾客，这也是英国很多家庭主妇的一门必修课。

模块 六

茶 会 服 务

　　通过本模块的学习与训练，学员可以了解行茶礼仪在茶会服务中的地位、特点与基本要求；学习并领会茶艺人员需具备的职业道德，了解不同类型的饮茶服务程序；通过化妆、服务姿态及常用礼节训练，熟练掌握正确的站姿、坐姿、走姿、跪姿服务，准确地把握行茶动作要领及对茶艺人员的仪容、仪表要求。

项目二十六　茶艺师的化妆技巧

【学习目标】

　　1．认识理解茶艺职业形象的重要性。
　　2．掌握化妆的基本方法和步骤。

【关键词】

　　化妆、色彩、线条、层次感。

【预习思考】

　　1．一个完整的化妆过程包括几个部分？
　　2．化妆的四大要素是什么？联系你的亲身体会进行说明。

【实训流程】

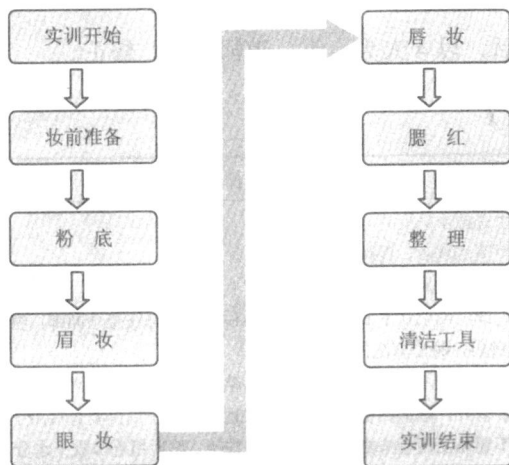

【实训时间】

实训授课 2 学时，共计 90 分钟，其中教师示范讲解 30 分钟，学员练习 50 分钟，教师点评、考核 10 分钟。

【实训器具】

化妆工具：海绵扑、粉扑、粉刷、小毛巾、大小眼影扫、睫毛夹、斜角刷、眉刷、剃眉刀、小剪刀、唇刷、大腮红刷等。

化妆品：肤色修改液、粉底霜、粉饼、散粉、眼影粉、眼线笔、睫毛膏、眉笔、唇线笔、润唇膏、口红、腮红等。

【实训要求】

化妆手法要洁净、自然，走线精细，色彩淡雅，既要适于工作场合近距离的接触与交流，也要能够表达你的品位。要尝试着调整出最适合自己肤色和在特定光源下的妆容效果。

【实训方法】

1. 教师示范讲解。
2. 学生单独操作后，以4人为一组，教师点评、修正。

【实训步骤与操作标准】

步　　骤	操　作　标　准
妆前准备	① 洗净双手并擦干。 ② 将面部用清水洗后，保持微湿状态。 ③ 选择适合自己皮肤特点的洗面用品。 ④ 将洁面乳或洗面奶在手心中搓揉开，然后均匀涂抹在整个面部，特别注意额头T部位。 ⑤ 1～2分钟后，将面部洗面剂清洗干净。 ⑥ 洗脸的重点是要用温水双手掬起拍打在脸上，利用溅起的水花彻底冲掉脸上的泡沫。 ⑦ 除了鼻子以外，脸部其他地方皆可轻轻地洗，鼻子周围要直接用手去抚摩才洗得干净。 ⑧ 洗脸后不要马上用毛巾擦脸，先用双手拍脸，然后用毛巾吸干水分。不要用摩擦的方式，而是用毛巾轻压脸部。 ⑨ 用爽肤水轻拍全脸，再抹上护肤液，最后涂上隔离保护霜使肌肤表面滋润并形成薄膜，有效隔离紫外线及化妆品粉垢
粉底	① 选择与自己肤色接近的粉底液，将粉底倒在手背上，用八分干两分湿的海绵蘸上粉底后，再慢慢由上往下在全脸、耳朵及脖子上均匀涂抹。 　程序为：从脸颊内侧涂到脸颊外侧→眼睑部位的涂抹→鼻下→唇部四周→下巴（另一边亦相同）→额头部分由下朝上发际方向涂抹→用海绵修饰发际及下颚边缘→最后以海绵轻拍整个脸部。 ② 抹上粉底液后，再依两颊、额头、鼻子、下巴的顺序用粉扑扑上粉，轻拍各部位，量要均匀，令妆容持久不易脱落。 ③ 用修面刷（必须用大刷）刷均匀，特别是额头、发际也要刷几下才行，浓淡不均会使整个脸色失调。 ④ 眉行可用眉刷清一下，刷掉多余的粉底霜和粉。 ⑤ 扑完粉后，要上下仔细瞧瞧，看看是否完整无遗
眉妆	① 眉毛太粗或太乱的人先对眉形加以修整。 ② 画眉前先用小眉刷由眉头到眉梢、由下往上对眉毛进行梳理。 ③ 用眉刷蘸灰色眼影，涂在眉上，可以形成自然的眉形。 ④ 选择与发色相近或稍浅颜色的眉笔，用眉笔的笔尖顺着眉毛生长的方向逐笔描画，画眉时动作要轻，力度要一致，通过笔画的疏密来控制眉色的深浅。 ⑤ 由眉头处开始到眉峰处为止是渐渐上升的，到眉峰达到最高，再由眉峰处至眉梢处下降，眉形自然变细。注意色彩均匀，眉头最浅，眉尾次深，但由深至浅不要有明显的痕迹，这样眉毛才自然立体。 ⑥ 眉行淡者宜先涂淡淡的棕色眼影，再用眉笔描绘。 ⑦ 画完后，用螺旋形的眉刷或是斜角眉刷沿眉形将眉毛和描画的颜色充分融合在一起。 ⑧ 最后可以刷上适量的睫毛膏以增强立体感
眼妆 眼影	① 刷子蘸上眼影后，在手背上刷掉多余的眼影，然后再涂在上眼睑上。 ② 选用比自己的肤色暗2～3度的眼影，用稍小眼影刷蘸上眼影，从内眼角向眼尾方向均匀涂抹（靠近眼睫毛处）。 ③ 接下来是眉下部分提亮，选用比肤色亮的颜色或白色，用稍大眼影刷从眼尾向内眼角方向涂抹。 ④ 为了使眼睛更富有立体感，在上眼睑涂上白色眼影。 ⑤ 最后用刷子刷匀

续表

步　骤		操 作 标 准
眼妆	眼线	① 初学者最好用眼线笔画眼线，也可使用眼线液，但要格外小心，必须慢慢沿着睫毛根侧描绘。 ② 画下眼线时，左手轻轻地按住下眼睑，右手握笔，慢慢地从睫毛边侧画起。 ③ 将重点放在眼角上，水平式或微翘式都无所谓。眼线画完后，将外眼角重复涂上棕色或茶色眼影，这样会让你更加明艳动人
	睫毛	① 先用睫毛刷把睫毛刷出清晰的睫毛层次。把脸部稍稍抬起，用干净的睫毛夹顺势夹住睫毛，稍稍用力晃动两三下，使平直的睫毛微微向上翘起。 ② 将睫毛夹卷后涂上睫毛膏。先涂上睫毛上侧，而且需自根涂起，再涂上睫毛下侧，宜涂少些，才会显得自然，然后涂一次靠眼尾睫毛部分。 ③ 涂下睫毛时，将睫毛膏棒竖起横向涂抹，较容易上染。 ④ 用眉梳梳除多余的睫毛膏，忌用手
唇妆		涂上唇部专用的美容液或润唇膏打底，为唇部肌肤做最基本的保护。 ① 用唇线笔勾画唇线，先画上嘴唇的轮廓，由嘴唇中央往上以弧线画出唇峰，再向嘴角延伸（左右两边唇线必须对称）。 ② 接着画下嘴唇线，张开嘴画嘴角轮廓，上下嘴唇间的连接应自然、清晰。 ③ 拉直下巴，嘴角稍微抿紧，做出微笑状，用唇刷蘸取唇膏或直接用唇膏由唇部中心向嘴角开始涂抹，均匀地涂满整个嘴唇，注意不能越出唇线。 ④ 用面巾纸吸走多余色彩，再重复涂抹唇膏。 ⑤ 最后加上透明唇彩增添双唇的色彩
腮红		① 确定腮红的基本范围：先做微笑状态，从下眼线处空出一个食指的宽度，找出颧骨的位置，此为上限；然后以眼球为中心向下找垂直线，与鼻端平行线正交，此为下限；上、下限之间再与耳垂、太阳穴两点形成的扇形区域最为恰当。 ② 用大胭脂刷均匀蘸些胭脂，以打圈方式沿着下限位置向太阳穴方向刷即可。 ③ 扑上干粉，可修饰过量的腮红，同时能锁定妆容；或者用棉片抹去过量的胭脂即可
整理		检查化妆的整体效果，并进行必要的补充
清洁工具		清洁化妆工具

【综合测试】

考核评分表

班级：　　　　　　姓名：　　　　　　　　　　　考核时间：　　年　　月　　日

序号	测试内容	应得分	自评分	小组互评分	教师评分
1	妆前准备	10分			
2	粉底	10分			
3	眉妆	10分			
4	眼妆	10分			
5	唇妆	20分			
6	腮红	20分			
7	整理	10分			
8	清洁工具	10分			
合　计		100分			

【知识链接】

一、认识脸形与化妆

脸　　形	化　妆　技　巧
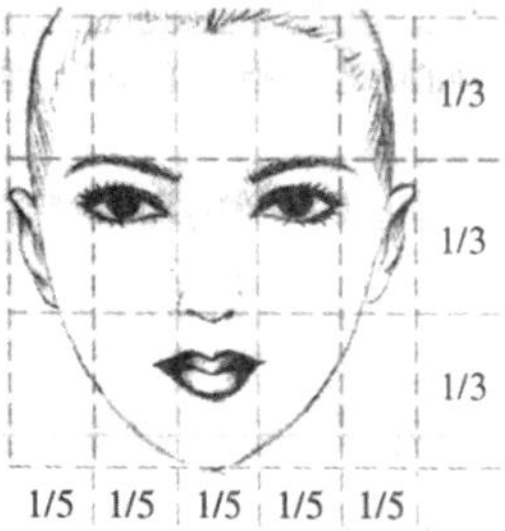	左图为标准脸：颧骨比较不明显，脸形长短宽窄配合最适宜。 粉底：打上肤色粉底，在两颊加上深色粉底即可使脸形显出立体感。 眉毛：适合任何眉形。 口红：适合标准唇形。 腮红：两颊轻刷上椭圆形的腮红或标准腮红
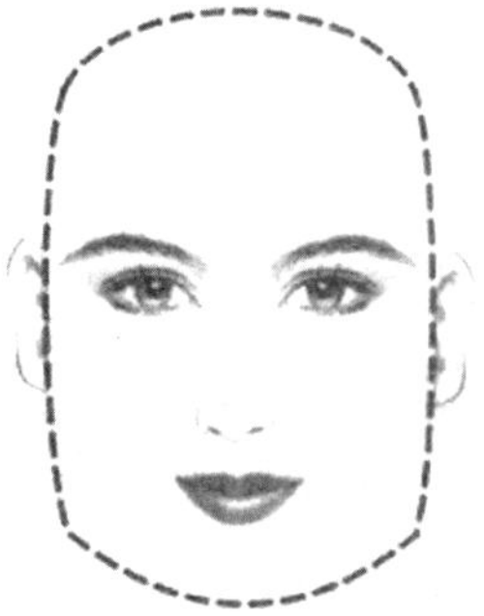	左图为长形脸（或是额头长，或是下巴长），给人脸长不柔和的感觉。其修饰重点是脸形加宽，上下缩短 粉底：额部和下巴都要打上深色粉底。 眉毛：眉毛2/3画直，眉峰不宜太高，也不要往下，画长一点（类似一字眉）。眉形幅度较小，或没角度的柳叶眉能让这种脸形因为眉毛的修饰变得比较柔和。 眼线：画椭圆形。 口红：上唇不要画得太丰满，下唇可画丰满些。 腮红：要往耳边擦，以横刷为佳
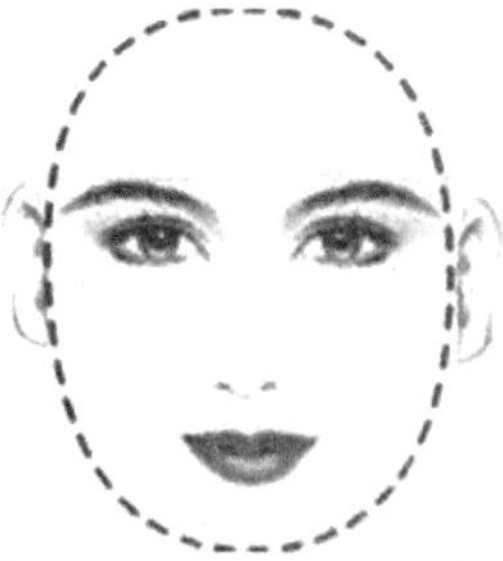	左图为圆形脸，缺点是脸形太圆太宽，而且下巴及发际都呈现圆形，缺乏立体感，最好能在两腮和额头两边加深色粉底，并且以长线条的方式刷染，强调纵向的线条，拉长脸形。 粉底：两腮加深色粉底，下巴和额头中间加白色粉底。 眉毛：眉峰1/2带角度，眉毛画高点，两眉距离近点，眉梢向上，眉毛不宜过长，不要画太浓。 眼线：适合长形的眼线。 口红：避免画成圆形，淡色佳。 腮红：在两颊刷高些、长些
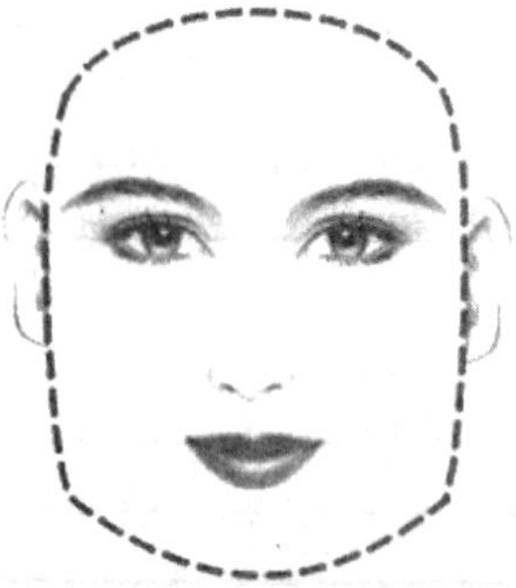	左图为方形脸，脸形线条较直，方方正正，额头宽面额也宽，下巴稍嫌狭小，缺乏温柔感。修饰方法是在宽大的两腮和额头两边加深色粉底，额头中间和下巴加白色粉底，另外再强调画出眉和唇等部分的妆彩，这样方形的脸就会显得修长，表现出温和的气质。 粉底：两腮和额头两边加深色粉底，下巴和额头中间加白色粉底。 眉毛：标准眉形或角度眉皆可，眉峰不宜太明显。 眼线：适合画圆形。 口红：上下嘴唇画圆些。 腮红：两颊颜色刷深、刷高或刷长

续表

脸　形	化妆技巧
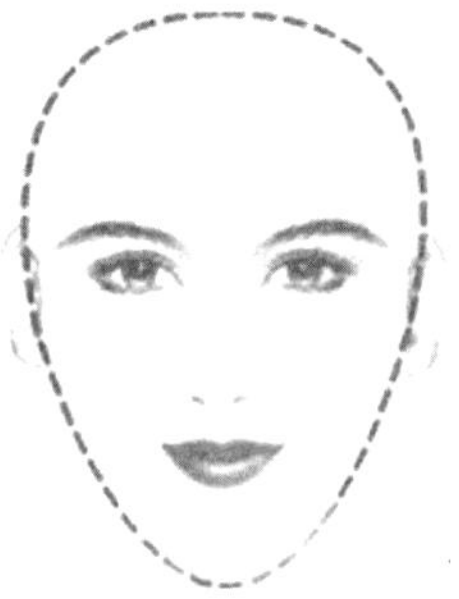	左图为倒三角形脸。脸形比较尖，具有上宽下窄的特征，额头较宽下巴较尖，会给人忧愁的感觉。需在颧骨、下巴和额头两边着深色粉底造成暗影效果，脸颊较瘦的两腮用白色或浅色粉底来修饰，使整个脸看起来较丰满、明朗。其修饰重点是眉眼，需加强一字眉，强调眉形。 　　粉底：在额头两边、下巴和颧骨部位加深色粉底，两腮加白色粉底。 　　眉毛：以细眉为主，眉头与眉尾平行。画法与标准眉形相同。 　　眼线：依眼睛形状来画，需明显些。 　　口红：唇形脸形画明显些。 　　腮红：颧骨部位颜色加深
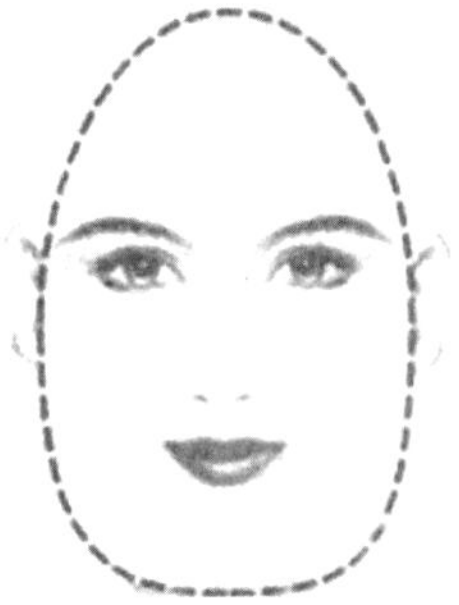	左图为正三角形脸。脸形上窄下宽，额头窄小两腮方大，给人沉着、大方又威严的感觉。可运用暖色调强调本身的沉着、大方、亲切。在两腮较宽部位加深色粉底，显得比较深凹，弥补下脸部宽大的缺点，在狭小额头和下巴加上白色粉底，让它突出饱满。修饰重点为太阳穴及两颊，使下巴显得均匀、立体、较宽。 　　粉底：两腮加深色粉底，下巴和额头两边加白色粉底。 　　眉毛：以自然眉形画法，眉毛加粗，眉尾处比眉头稍高。 　　眼线：画椭圆形。 　　口红：可描丰满些，下嘴唇不宜画成圆形。 　　腮红：在两颊刷高些、长些，以斜刷为宜

二、常见化妆工具清洁方法

品　名	图　片	清洁方法
海绵	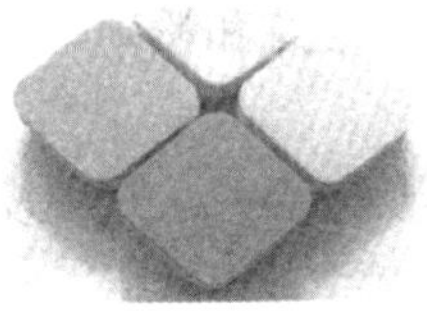	用溶于中性洗剂的温水洗泡，彻底清洁后阴干
粉扑	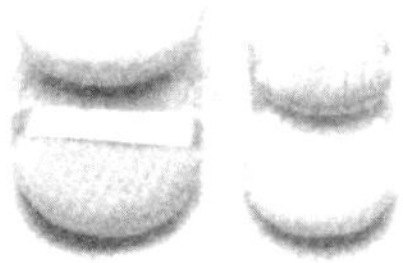	用溶于中性洗剂的温水一按一放地洗，然后用干毛巾将水分吸干后再阴干
毛刷	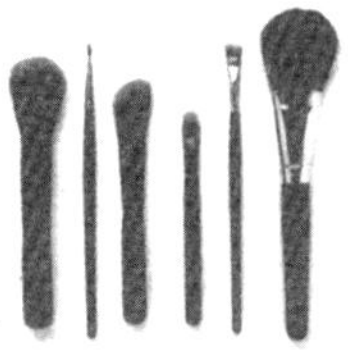	平时用完后，用面纸擦掉粉，每月用含有中性洗剂的温水清洗，用干毛巾吸干，然后理顺毛端后阴干

品　名	图　片	清 洁 方 法
唇笔		取少量洁面乳挤于掌心，然后将唇笔放在上面轻轻转动以洗脱唇膏，再用纸巾抹拭笔尖，最后用温水洗，用纸巾吸干即可

三、部分化妆品的选择常识

1. 怎样选择唇膏

由于年龄的增长，环境气候的不利因素，嘴唇表皮本身不分泌油脂、缺乏黑色素、过于纤薄和人为的一些不良习惯等，都使我们的嘴唇急需救护和帮助，涂抹润唇膏是极好的选择。

润唇膏的主要作用是为双唇锁住水分提供屏障，它的基本成分离不开凡士林和蜡质（所以使用时有一些糊的感觉），不过现在也有不含蜡质的新配方，还有含维生素 A、维生素 E 等抗氧化成分以及 SPF 防晒功能的，在选用时，请参照成分选择自己所需的产品。

1）润唇膏主要成分的具体功效如下。

① 凡士林。较滋润而不渗透，能长时间留在嘴唇上。

② 薄荷。一种香料，有清凉和消炎止痒的作用。

③ 樟脑。有消炎、镇痛和帮助伤口愈合的作用。

④ 羊毛脂。一种很有效的润肤剂。

⑤ 芦荟。有防晒、润肤、保湿和祛斑的功效。

⑥ 维生素 E。可防止皮肤粗糙、开裂、出现斑疹、皱纹和粉刺等。

2）抹润唇膏的要点如下。

① 嘴唇有硬皮时，不要用手硬撕，最好用热毛巾敷一会儿，令硬皮软化，除去后，再涂用润唇膏。

② 每晚临睡前，涂些润唇膏可以使润唇效果加倍；若唇部干裂，涂用橄榄油效果更佳。

③ 饭后为防止嘴唇的油分影响唇膏效果，最好先用餐巾纸擦净唇部，再用润唇膏涂抹。

④ 使用润唇膏为口红打底，可以使口红的色泽更加娇艳。

2. 巧辨口红含铅量

多数口红都含铅，铅对人体十分有害。那么，怎样才知道口红中的含铅量呢？这里有一种简单的方法：在购买口红时，将口红样品抹在手背上，然后用金戒指在上面摩擦，边摩擦边观察口红颜色的变化，口红变黑说明口红中含铅，颜色越黑，含铅量越大。

项目二十七　茶艺师服务姿态

【学习目标】

1. 认识和理解形体美。
2. 掌握员工标准服务姿态。
3. 养成良好习惯，提高员工综合素质和生活品质。

【关 键 词】

站姿、坐姿、走姿、跪姿、鞠躬礼。

【预习思考】

1. 员工站立时驼背、含胸、挺肚等不良习惯可以通过哪些练习进行修正？
2. 标准鞠躬礼的基本要求是什么？

【实训流程】

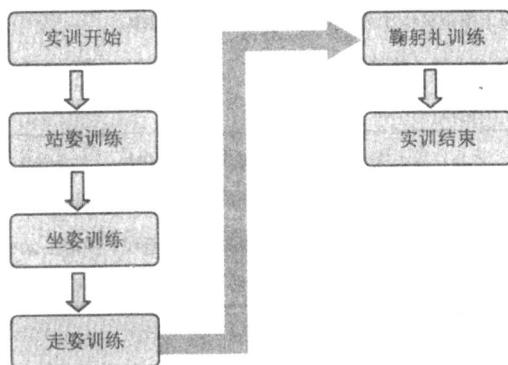

【实训时间】

实训授课 2 学时，共计 90 分钟，其中教师示范讲解 30 分钟，学员练习 50 分钟，教师点评、考核 10 分钟。

【实训器具】

形体训练室（配备大面镜）、椅子、书本、训练助手或伙伴。

【实训要求】

动作协调自然，切忌生硬与随便；讲究调息静气，发乎内心；行礼轻柔，而其意表达清晰。

【实训方法】

1. 教师示范讲解。
2. 学生 4 人为一组，跟做练习。

【实训步骤与操作标准】

1. 茶艺师的基本服务姿态训练

项　　目	动 作 要 领
站姿	① 姿势端正，两脚跟并拢，脚尖略分开，约呈 45°～60°。 ② 双腿合拢直立，身体重心落在两脚中间，挺胸收腹，微收下颌。 ③ 双臂自然下垂，双手自然交叉相握（右手在上，左手在下）摆放于腹前。 ④ 两眼平视，嘴微闭，面带微笑
坐姿	① 坐姿端正，不要仰靠椅背伸直双腿，应双腿并拢，双手自然交叉相握摆放于腹前或手背向上四指自然合拢呈"八"字形放于茶台边缘。 ② 行茶时，挺胸收腹，头正肩平，肩部不可因操作动作改变而倾斜。 ③ 表情自然，面带微笑
走姿	① 上身正直，眼睛平视，面带微笑；肩部放松，手指自然弯曲，双臂自然前后摆动，摆幅约 35 厘米，如果在狭小的空间及场地中行走，也可采取双手交叉相握于腹前姿势。 ② 行走时身体重心略向前倾，两脚走路呈直线，步幅以 20～30 厘米为宜。迈步要稳，切忌过急。步幅小，步子轻，不左右摇晃，用眼梢辨方向、找目标，是保持正确走姿的要领

2. 鞠躬礼动作训练

项　　目	动 作 要 领	类型与要求
站式鞠躬礼	① 左脚先向前，右脚靠上，左手在里，右手在外，四指合拢相握于腹前。	真礼。弯腰约 90°
	② 缓缓弯腰，双臂自然下垂，手指自然合拢，双手呈"八"字形轻扶于双腿上。 ③ 直起时目视脚尖，缓缓直起，面带微笑。 ④ 俯下和起身速度一致，动作轻松，自然柔软	行礼。弯腰约 45°

续表

项 目	动 作 要 领	类型与要求
站式鞠躬礼	① 左脚先向前，右脚靠上，左手在里，右手在外，四指合拢相握于腹前。 ② 缓缓弯腰，双臂自然下垂，手指自然合拢，双手呈"八"字形轻扶于双腿上。 ③ 直起时目视脚尖，缓缓直起，面带微笑。 ④ 俯下和起身速度一致，动作轻松，自然柔软	草礼。弯腰小于45°
坐式鞠躬礼	① 在坐姿的基础上，头身前倾，双臂自然弯曲，手指自然合拢，双手掌心向下，自然平放于双膝上或双手呈"八"字形轻放于双腿中、后部位置。 ② 直起时目视双膝，缓缓直起，面带微笑。 ③ 俯、起时的速度、动作要求同站式鞠躬礼	真礼。头身前倾约45°。双手平扶膝盖
		行礼。头身前倾小于45°。双手呈"八"字形放于大腿1/2处。
		草礼。头身略向前倾，双手呈"八"字形放于双腿后部位置

【综合测试】

考核评分表

班级:　　　姓名:　　　　　　　　　　　　　　考核时间:　　年　　月　　日

序号	测试内容	应得分	自评分	小组互评分	教师评分
1	站姿	20分			
2	坐姿	30分			
3	走姿	20分			
4	站式鞠躬礼	10分			
5	坐式鞠躬礼	20分			
	合　计	100分			

【知识链接】

一、相关辅助训练

1. 贴壁练习

背靠墙而立，让脚跟、小腿肚、臀部、肩膀、后脑和墙接触。

在头上顶 3 本书，让书的一边和墙接触，走动离开墙，为了不让书掉落，你会本能地挺直脖子、下巴后收、胸脯挺起。

每次维持 20～30 分钟，每天练习可防止驼背。

2. 收腹练习

收腹训练可以使你的体型由凸腹的"d"形转为时髦的"5"形。常练习，不但有助于仪态美，同时有助于身材的优美，使腹部的肌肉紧缩而不会出现过多的脂肪。

俯卧在地板上，手心平贴地板，下巴搁在手背上，脚面和小腿平贴地板上，膝盖向前拉，腰部弓起，收缩腹部的肌肉，然后膝盖向后缩，使身体平贴在地板上，再开始重复以上动作。

躺下来，双臂左右伸开，双腿伸直平贴墙上，开始走路，两脚尽可能往墙的高处踩。

仰卧在地板上，双臂垂向两边，双腿并拢伸直，然后膝盖弯向腹部，与腹部接触，再将腿伸直，徐徐落在地板上。

仰卧在地板上，双腿并拢，双臂伸直，上身慢慢抬起，双手接触脚背，然后上半身再徐徐下落，仍然平躺在地板上。

3. 挺胸练习

两边腋下各夹一本杂志，抬头、挺胸、手臂用力，每次维持 10 分钟。

双臂夹紧集中力量，指尖向上，双手合并于胸前。

双手用力向前伸直，指尖朝前。

最基本的动作是多注意胸部的挺直，双肩自然下垂，由 10 分钟增加到 20 分钟，再延长到 1 小时左右，这样慢慢就可以改掉驼背的毛病。

二、日本和韩国席地而坐的方式

1. 跪坐

日本人称之为"正坐"，即双膝跪于坐垫上，双脚背相搭着地，臀部坐在双脚上，腰挺直，双肩放松，向下微收，舌抵上颚，双手搭放于前，女性左手在下，男性反之。

在进行茶道表演的国际交流时，日本和韩国习惯采取席地而坐的方式。另外，如举行无我茶会时也用此种坐席。

2. 盘腿坐

男性除正坐外，可以盘腿坐，将双腿向内屈伸相盘，双手分搭于两膝，其他姿势同跪坐。

3. 单腿跪蹲

右膝与着地的脚成直角相屈,右膝盖着地,脚尖点地,其余姿势同跪坐。客人坐的桌椅较矮或跪坐、盘腿坐时,主人奉茶则用此姿势。也可视桌椅的高度,采用单腿半蹲式,即左脚向前跨一步,膝微屈,右膝屈于左脚小腿肚上。

三、步态与走姿

走路时的步态美与不美,是由步度和步位决定的。如果步位和步度不符合标准,那么全身摆动的姿态就失去了谐调的节奏,也就失去了自身的步韵。

步度是指行走时两脚之间的距离。步度的一般标准是一脚踩出落地后,脚跟离另一只脚脚尖的距离恰好等于自己的脚长。步位是脚落地时应放置的位置。

步韵也很重要,走路时,膝盖和脚腕都要富于弹性,肩膀应自然、轻松地摆动,使自己走在一定的韵律中,才会显得自然优美。

四、操作要点及注意事项

1)女性穿礼服或旗袍的时候,绝对不要双脚并列,而是要让两脚之间前后距离 5 厘米左右,以一只脚为重心。

2)穿高跟鞋时,左脚为重心,脚尖与垂直线成 45°,右脚脚尖向前,脚跟紧连着左脚。选择这个站姿,曲线相当优美。

3)在餐厅站立服务的时候,严禁靠墙或者身体依着服务台而站立,或者将手放在衣服的口袋里。

4)如果站立太久,可以换成"稍息"姿势,即一脚向侧面方向跨出半步,让体重放在一侧下肢,让另一侧下肢稍微休息,两侧交替。站立不应太久,应适当进行原地活动,特别是腰背部活动,以解除腰背部肌肉疲劳。

5)不论何种坐姿,都切忌两膝盖分开,两脚呈"八"字形,这对女性尤其不雅。

6)不可两脚尖朝内,脚跟朝外,这种内"八"字形坐法不雅。

7)两腿交叠而坐时,悬空的脚尖应向下,切忌脚尖朝天和上下抖动。

8)切忌跷二郎腿,或者不停抖动双腿,双手搓动或交叉放于胸前,弯腰弓背,低头等。

9)与人交谈时,不可将上身往前倾或用手支撑下巴。

10)坐下来应该安静,切忌一会儿向东,一会儿向西。

11)双手可相交搁在大腿上,或轻搭在扶手上,但手心应向下。

12)在椅子上前俯后仰,或把腿架在椅子或沙发扶手上,都是极为不雅观的。

13)谈话时可以侧坐,上体与腿同时转向一侧,要把双膝靠拢,脚跟靠紧。

14)特别注意与上级(长辈)同坐时不可背靠椅背;与同级(同辈)同坐时,要保持一定时间的规范坐法才可靠椅背;与下级(小辈)同坐时可自然随意,但也不能坐姿失态和放肆。

15）正确的行走姿势是在站姿的基础上摆动大臂，步子不宜过大或过小，速度不宜过快或过慢，两眼目视前方，走起来步子稳健、大方，双腿夹紧，双脚尽量走在一条直线上。

16）行走中身体的重心要随着移动的脚步不断向前过渡，而不要让重心停留在后脚，并注意在前脚着地和后脚离地时伸直膝部。

17）走路时，应自然地摆动手臂，幅度不可太大，前后摆动的幅度约为 45°，切忌做左右式的摆动。

18）走路时应保持身体挺直，切忌左右摇摆或摇头晃肩，否则会让人觉得轻佻，缺少教养。

19）走路时膝盖和脚踝都应轻松自如，以免显得僵硬，并且切忌走外八字或内八字，给人一种不雅观的感觉。

20）走路时不要低头或后仰，更不要扭动双臂部。

21）不要双手反背于背后，这会给人以傲慢、呆板之感。

22）步度与呼吸应配合成规律的节奏，穿礼服、裙子或旗袍时步度更轻盈优美，不可跨大步。若穿长裤步度可稍大些，这样会显得生动，但最大步也不可超过脚长的 1.6 倍。

项目二十八　茶会服务常用礼节

【学习目标】

1. 通过微笑、伸手礼、点头礼、叩手礼、握手礼等动作的训练和实际操作，提高员工对微笑等形体动作的认识和理解。

2. 掌握员工标准服务姿态训练的基本方法和步骤，体现员工完美礼仪。

3. 了解茶艺表演的形象和气质要求，加深对茶艺服务举止规范的认识，养成良好习惯，提高员工的综合职业素质和生活品质。

【关键词】

微笑、伸手礼、点头礼、叩手礼、握手礼、礼貌敬语。

【预习思考】

1. 什么是接听电话的"三三制"？

2. 服务人员如何联想微笑？微笑的魅力表现在哪些方面？

【实训流程】

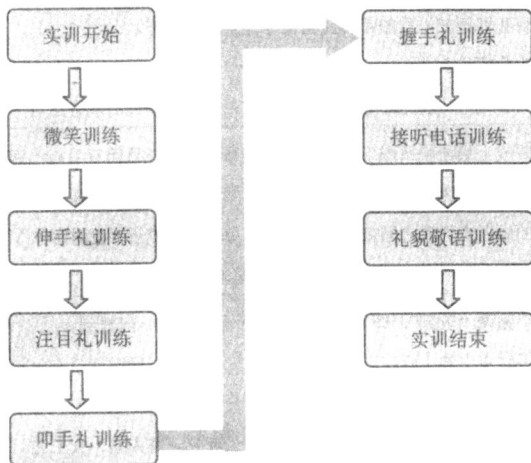

【实训时间】

实训授课 2 学时，共计 90 分钟，其中教师示范讲解 30 分钟，学员练习 50 分钟，教师点评、考核 10 分钟。

【实训器具】

形体训练室（配备大面镜）、椅子、书本、训练助手或伙伴。

【实训要求】

动作协调自然，切忌生硬与随便；讲究调息静气，发乎内心；行礼轻柔，而其意表达清晰。

【实训方法】

1. 教师示范讲解。
2. 学员以 4 人为一组，练习操作。

【操作步骤】

项 目	动 作 要 领
微笑	① 对镜子摆好姿势，像婴儿呀呀学语时那样，说"E"，让嘴两端朝后缩，微张双唇。 ② 轻轻浅笑，减弱"E"的程度，这时可感觉到颧骨被拉向斜后上方。 ③ 相同的动作反复几次，直到感觉自然为止
伸手礼	① 行伸手礼时应五指自然并拢，手心向上，左手或右手从胸前自然向左或向右前伸。 ② 伸手礼是在请客人帮助传递茶杯或其他物品时采用的礼节，一般应同时讲"请"或"谢谢"

项　　目	动 作 要 领
注目礼和点头礼	① 注目礼即茶艺人员的眼睛庄重而专注地看着对方。 ② 点头礼即点头致意。 ③ 这两个礼节一般在茶艺人员向客人敬茶或奉上物品时联合应用
叩手礼	① 长辈或上级给晚辈或下级斟茶时，晚辈或下级必须用双手指作跪拜状叩击桌面两三下。 ② 晚辈或下级为长辈或上级斟茶时，长辈或上级只需单指叩桌面两三下表示谢谢。 ③ 有的地方在同辈之间敬茶或斟茶时，单指叩击表示"我谢谢你"，双指叩击表示"我和我先生（太太）谢谢你"，三指叩击表示"我们全家人都谢谢你"
握手礼	① 握手强调"五到"，即身到、笑到、手到、眼到、问候到。 ② 握手时双方的上身应微微向前倾斜，面带微笑，同时伸出右手和对方的右手相握。 ③ 眼睛要平视对方的眼睛，同时寒暄问候。 ④ 握手时，伸手的先后顺序：贵宾先，长者先，主人先，女士先。 ⑤ 握手时间一般在3～5秒之间为宜，握手力度必须适中，握手要讲究卫生
接听电话	① 电话铃响两声之后必须接听，如果超过三声后接听必须说："对不起，让您久等了"。 ② 谈话内容要注意礼节，并使用礼貌语言。语音清晰，电话中的语言速度比平时稍慢一些。 ③ 说话的时候保持微笑状态。把笑容融入到声音中。 ④ 必须使用规范应答语："您好，××餐厅！我是××，请讲（有什么可以帮助您的）。" ⑤ 要仔细倾听对方的讲话，一般不要在对方话没有讲完时打断对方。如实在有必要打断时，则应该说："对不起，打断一下。"对方声音不清楚时，应该善意提醒："声音不太清楚，请您大声一点，好吗？" ⑥ 如果谈话所涉及的事情比较复杂，应该重复关键部分，力求准确无误。 ⑦ 电话机旁边常备纸张和笔，随时准备记录重要事项或留言。留言时要询问对方姓名、电话、事由、时间等关键事项。 ⑧ 谈话结束时，要表示谢意，并让对方先挂断电话。不要忘了说 "再见"
礼貌敬语	① 宾客登门时主动打招呼，使用招呼语，如"您好……"、"欢迎光临"等。 ② 称呼宾客时，使用称呼语，如"先生"、"太太"、"女士"、"夫人"等。 ③ 与客人谈话时要杜绝使用"四语"，即蔑视语、烦躁语、否定语和顶撞语，如"哎……"、"喂……"、"不行"、"没有了"；也不能漫不经心、粗音恶语或高声叫喊等。 ④ 向宾客问好时使用问候语，如"您好"、"早晨好"、"晚上好"、"您辛苦了……"、"晚安"等。 ⑤ 听取宾客要求时，要微微点头，使用应答语，如"好的……"、"明白了"、"请稍候"、"马上就来"、"马上就办"等。 ⑥ 服务有不足之处或宾客有意见时，使用道歉语，如"对不起"、"打扰了……"、"让您久等了"、"请原谅"、"给您添麻烦了"等。 ⑦ 感谢宾客时，使用感谢语，如"谢谢……"、"感谢您的提醒"等。 ⑧ 宾客离别时，使用道别语，如"再见……"、"欢迎再次光临"、"祝您一路平安"等

【综合测试】

考核评分表

班级： 姓名： 考核时间： 年 月 日

序号	测试内容	应得分	自评分	小组互评分	教师评分
1	微笑	20 分			
2	伸手礼	10 分			
3	注目礼和点头礼	10 分			
4	叩手礼	10 分			
5	握手礼	10 分			
6	接听电话	20 分			
7	礼貌敬语	20 分			
合　计		100 分			

【知识连接】

一、常见礼貌用语

礼貌用语	常见表述示例
问候	早上好、您早、晚上好、您好、大家好
致谢	非常感谢、谢谢您、多谢、十分感谢、多谢合作
拜托	请多关照、承蒙关照、拜托了
慰问	辛苦了、受累了、麻烦您了
赞赏	太好了、真棒、美极了
谢罪	对不起、劳驾、实在抱歉、真过意不去
挂念	身体好吗？近况还好吗？生活愉快吗？
祝福	托您的福、您真福气
理解	只能如此、深有同感、所见略同
迎送	欢迎、明天见、再见
祝贺	祝您节日愉快、恭喜
征询	您有什么事情？需要我帮您做什么事吗？
应答	没关系、不必客气
婉言	很遗憾，不能帮您的忙；谢谢您的好意，但我还有许多工作

二、专业用语

序号	茶类	专业用语
1	绿茶	① 绿茶为不发酵茶，制作原料以嫩叶为主。 ② 高档绿茶多以玻璃杯冲泡，水温为 75～80℃。 ③ 玻璃杯可以看到清汤绿叶的茶在杯中上下飘舞。 ④ 杭州双绝"龙井茶、虎跑水"。 ⑤ 龙井茶以"形美、色绿、香清、味醇"著称。 ⑥ 碧螺春有"一嫩三鲜"之称，即牙嫩、色鲜、味鲜、汤鲜。 ⑦ 泡茶时，水温过高会将茶叶泡熟，茶汤很快变黄。 ⑧ 冲泡绿茶的时间一般以三四分钟为宜。 ⑨ 用盖碗或瓷杯冲泡嫩芽时，不加杯盖为宜
2	青茶	① 青茶为半发酵茶，发酵程度为 10%～70%。 ② 青茶有绿茶的清香，又有红茶的甘醇。 ③ 铁观音属于中发酵茶，有"蜻蜓头、螺旋体、青蛙腿"之称。 ④ 冲泡前，应先温茶具，提升温度，避免"冷热"悬殊太大，影响茶汤的滋味。 ⑤ 冲泡青茶时第一泡茶汤为温润泡，即温润茶叶，将紧结的茶叶泡松可使茶汤保持同样的浓淡。 ⑥ 第二道茶称为正泡。 ⑦ 冲泡茶叶时，做到高冲低斟。 ⑧ 冲泡铁观音需要 1 分钟，接下来每泡依次延长 15 秒。 ⑨ 冲泡青茶一般选用紫砂壶或盖碗。 ⑩ 公道杯的作用是均匀茶汤。 ⑪ "品茶三个口"，品茶时分三口喝，方称为品。 ⑫ 青茶冲泡次数一般要 4～6 泡
3	红茶	① 红茶为全发酵茶，发酵程度 100%。 ② 红茶外观为暗红色，呈紧结的条状或颗粒状。 ③ 冲泡时一般选用瓷壶冲泡。 ④ 冲泡水温为 90～100℃。 ⑤ 冲泡时香气高，汤色红颜明亮，叶底鲜红嫩软。 ⑥ 红茶还可以加入牛奶、柠檬、薄荷等制作成调和茶
4	黄茶	① 黄茶属于部分发酵茶，发酵程度为 10%。 ② 黄茶有"三黄"之称，即叶黄、汤黄、叶底黄。 ③ 冲泡香气清新，滋味鲜醇。 ④ 冲泡水温以 70℃ 为宜，因为黄茶的原料为细嫩的芽头制成。 ⑤ 君山银针有"三起三落"的美称
5	白茶	① 白茶原料多以带有茸毛的壮芽、嫩芽制成，为部分发酵茶，发酵程度为 10%。 ② 冲泡水温以 70℃ 为宜，因芽叶细嫩，温度过高会将其烫熟。 ③ 银针白毫外形挺直如针，色白如银。 ④ 白牡丹的特点是绿叶加银芽，形似花朵。 ⑤ 冲泡时香气清爽，色泽橙黄，滋味醇和
6	黑茶	① 黑茶属于后发酵茶，发酵程度视发酵时间长短而定。 ② 原料选用粗老的梗叶制成，外形为紧结的条状，干茶的颜色为暗红色。 ③ 冲泡所用茶具宜选择紫砂壶。 ④ 冲泡水温为 100℃ 的沸水，冲泡后香气为陈香，汤色如枣红色，滋味醇厚，回甘好

续表

序号	茶类	专业用语
7	花茶	① 花茶的原料主要以烘青绿茶为茶坯加鲜花窨制而成。 ② 冲泡花茶时香气鲜灵持久，既有清新的花香，又有醇厚、回甘的滋味，尤为北方人所喜爱。 ③ 冲泡花茶的茶具以盖碗或瓷杯为宜。 ④ 冲泡水温以 85～90℃ 为宜。 ⑤ 花茶一般可以冲泡 3～4 次。 ⑥ 在品茶前，先观赏茶的汤色，闻盖上的茶香，分三口品茶

项目二十九　茶会服务礼仪规范

【学习目标】

1. 熟悉迎宾、送客、茶馆饮茶服务、独立茶室服务、会议饮茶服务、餐厅饮茶服务等服务流程。
2. 了解茶艺师应具备的职业道德。
3. 熟悉消费者的消费心理，提升员工对客服务水平。

【关 键 词】

迎宾、送客、茶馆饮茶服务、独立茶室服务、会议饮茶服务、餐厅饮茶服务。

【预习思考】

1. 茶馆饮茶服务有哪些主要程序？
2. 独立茶室饮茶服务有哪些主要程序？

【实训流程】

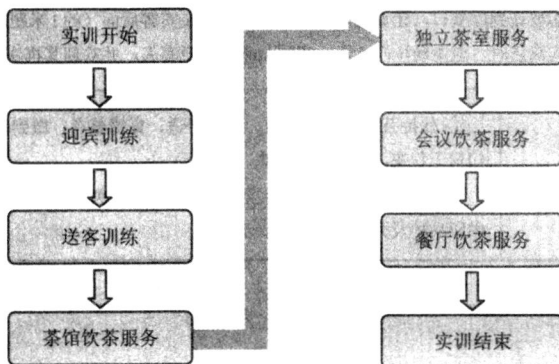

【实训时间】

实训授课 2 学时，共计 90 分钟，其中教师示范讲解 30 分钟，学员练习 50 分钟，教师点评、考核 10 分钟。

【实训器具】

茶艺馆、会议室、茶具、茶叶、训练助手或伙伴。

【实训要求】

动作协调自然，切忌生硬与随便；讲究调息静气，发乎内心；行礼轻柔，而其意表达清晰。

【实训方法】

1. 教师示范讲解。
2. 学员以 4 人为小组，模拟操作。

【实训步骤与操作标准】

项　　目		操 作 标 准
迎宾服务		① 微笑迎客，使用礼貌用语，迎宾入门。 ② 询问用茶人数及预订情况，将客人引领到正确位置。 ③ 如宾客随身携带较多物品或行走有困难，应征询宾客同意后给予帮助。 ④ 如遇雨天，要主动为宾客套上伞套或寄存雨伞。 ⑤ 若座位客满，向客人做好解释工作，有位置时立即安排。 ⑥ 耐心解答客人有关茶品、茶点、茶肴以及服务、设施等方面的询问。 ⑦ 婉言谢绝衣冠不整者入内
送客服务		① 当宾客准备离去时，轻轻拉开椅子，提醒宾客带好随身物品。 ② 送客要送到厅堂口，让宾客走在前面，自己走在宾客后面（约 1 米距离）护送客人。 ③ 客人离店时，应主动拉门道别，真诚礼貌地感谢客人，并欢迎其再次光临
茶馆饮茶服务	茶前准备	① 保持茶艺馆厅堂整洁、环境舒适、桌椅整齐。做到地面无垃圾，桌面无油腻，门窗无积灰，洗手间无异味、无污垢。 ② 由厅堂领班检查茶艺服务人员仪表及各类物品准备是否充分、器皿是否洁净、供应品种及开水是否准备妥当

续表

项 目		操 作 标 准
	茶中服务	① 站立迎宾，引客入座。首先安排年老体弱者在进出较为方便处就座。如在正式场合，在了解客人身份后，应将主宾安排在主人右侧，副主宾安排在主人左侧。 ② 当客人即将入座前，主动为宾客拉开椅子，送上湿巾、茶单，并介绍供应茶品，也可将茶叶样品拿来展示，让宾客挑选。 ③ 及时地按顺序上茶。上茶时左手托盘，端平拿稳，右手在前护盘，脚步小而稳，走到宾客座位右侧，侧身右脚前伸一步，左手臂展开，使茶托盘的位置在宾客的身后，右手端杯子中部，盖碗杯端杯托，从主宾开始，按顺时针方向，将茶杯轻轻放在宾客的正前方，并报上各自茶名（上茶前，绿茶应事先浸润，花茶、红茶可事先泡好，乌龙茶可到台面上当场冲泡），然后请宾客先闻茶香，闻香完毕，茶艺服务人员选择一个合适的固定位置，用水壶将每杯冲至七分满，并说："请用茶。" ④ 宾客用茶过程中，当杯中水量为 1/2 时，应及时添水；如果宾客面前有热水瓶或电热煮水器，应随时保持这些器皿中有充足的开水。 ⑤ 如需上茶食、茶点，事先应上筷子、牙签、调料等物品；上茶食时，应从冲茶水的固定位置上轻轻落盆（盘），并介绍茶看名称、特点；每上一道茶食，要进行桌面调整，切忌叠盘；如果宾客点有果壳的食品，应及时送上果壳篮或果壳盆；桌面上有水迹或杂物时，应及时拭干和清理，以保持桌面清洁
	茶后工作	主动送客，收拾茶具，清洁桌面、椅凳并按原位置摆放整齐，保持茶楼营业场所及桌面整洁，以便接待下一批客人
独立茶室饮茶服务		① 按茶单的茶叶品种准备好各种茶叶。 ② 准备好泡茶用水。 ③ 准备干净、整洁的各类茶具。 ④ 客人入座后按茶单点茶。 ⑤ 客人点不同的茶，茶艺人员要用不同的茶具及不同的冲泡方法泡茶并进行讲解
会议饮茶服务	小型会议饮茶服务	① 服务员为客人沏茶之前，首先要洗手，并洗净茶杯，杯内不得存有茶垢。 ② 要特别注意茶杯有无破损或裂纹，残破的茶杯要更换。 ③ 如果用茶水和茶点一同招待客人，应先上茶点。茶点盘应事先摆放好。 ④ 不能用旧茶或剩茶待客，必须沏新茶。 ⑤ 茶水不要沏得太浓或太淡，每一杯茶斟七成满即可。 ⑥ 上茶时把茶杯放在杯托上，待客人坐定后一同敬给客人，杯把放在客人的右侧。如果客人饮用红茶，可准备好方糖，请客人自取。 ⑦ 上茶时，应注意站在客人右侧；先给主宾上，再依次给其他客人上
	大、中型会议饮茶服务	① 客人入座后，由服务员为客人倒水沏茶。 ② 倒水时服务员应站在客人的右侧，左手拿壶，右手拿杯。 ③ 圆桌会议，服务员要从主位开始按顺时针的顺序倒水，而长桌会议服务员就要按从里向外的顺序倒水。 ④ 在开会的过程中，服务员要注意观察，适时续水

续表

项 目		操 作 标 准
会议饮茶服务	茶话会饮茶服务	① 服务员根据茶话会的人数备齐茶杯、茶垫和茶壶，如一桌 10 人，茶壶应有 2 把，茶壶下面要放垫碟。 ② 将保温瓶装满开水。茶话会前 5 分钟在茶杯内放入茶叶，加上少许开水，把茶叶焖上，待客人到达后为客人加水。 ③ 斟茶时要站在客人右侧，不要将茶水滴在餐台或客人身上，并告诉客人茶叶的名称。 ④ 在茶话会的整个过程中，要随时注意为客人续斟茶水，当发现壶内茶水过淡时要马上更换，重新泡茶
餐厅饮茶服务	早餐饮茶服务	① 开餐前准备好各种茶叶。 ② 根据客人对茶叶的喜好，介绍适宜的品种。 ③ 为客人沏茶时，要注意卫生操作的要求，不允许用手抓茶叶，应用茶勺去取，并注意用量准确。 ④ 沏好茶后，应逐一从客人的右侧斟茶。 ⑤ 斟茶时，右手执壶，左手托壶下的垫盘，茶水不宜斟得过满，以七分满为宜。 ⑥ 为客人斟完第一杯茶后，把茶壶放在餐台上，茶壶嘴不要朝向客人，客人人数超过 6 位时，应上 2 把茶壶。 ⑦ 随时注意加满壶中的开水，并掌握茶水的浓淡
	午餐、晚餐饮茶服务	① 客人入座后，服务员从客人右侧派送香巾并问客人需要何种茶水，按需开茶。 ② 服务员将茶沏好后用托盘送上，并从主宾起按顺时针方向从客人右侧一一斟上第一杯礼貌茶。斟水量以七分满为宜，并示意"请用茶"。 ③ 在高档次的餐厅里，上茶服务非常讲究，有专门负责茶水服务的茶博士。客人入座后，茶博士将装有十几种茶叶的手推车推至餐桌旁，向客人介绍各种茶叶的名称，请客人点茶。 ④ 客人点茶后，茶博士将茶叶放入盖碗中，当着客人的面用一把长嘴大铜壶将茶沏上后端送给客人

【综合测试】

考核评分表

班级：　　　　　姓名：　　　　　　　　考核时间：　　年　　月　　日

序号	测试内容	应得分	自评分	小组互评	教师评分
1	迎宾服务	10 分			
2	送客服务	10 分			
3	茶馆饮茶服务	20 分			
4	独立茶室饮茶服务	20 分			
5	会议饮茶服务	20 分			
6	餐厅饮茶服务	20 分			
合　计		100 分			

【知识链接】

茶艺师的职业道德

职业道德是一种与特定职业相适应的职业行为规范。任何个人在职业活动中都要遵守一定的行为规范，这是道德准则在职业生活中的具体表现。茶艺师的职业道德是一种与茶艺这种特定职业相适应的职业行为规范。茶艺师的职业道德可归纳为以下几个方面的内容。

1. 爱岗敬业，忠于职守

爱岗敬业，即"干一行爱一行"进而"干好一行"。这绝非是一句口号，而是有着实实在在内容的行为规范，特别是对茶艺服务人员，它体现在茶艺活动整体服务过程中的方方面面，它是以服务活动本身来满足顾客的需求，是一种无形商品。忠于职守，是要求把自己职责范围内的事情做好，合乎质量标准和规范要求，能够完成应承担的任务。茶艺师职业道德的养成，要从爱岗敬业、忠于职守开始，把自己的职业当成自己生命的一部分并尽职尽责地做好。在这个基础上才能够精通业务，服务顾客。

2. 遵纪守法，文明经营

为了规范竞争行为，加强依法经营的力度和维护消费者利益，国家出台了一系列的法律、法规。目前已颁布的与茶艺服务业有关的法律、法规主要有《产品质量法》《计量法》《食品卫生法》《消费者权益保护法》等。遵纪守法，是对每一位公民的要求。能否遵纪守法，是衡量职业道德好坏的重要标准。上述与茶艺业有关的法律和规定，茶艺人员都要在岗位工作中身体力行。如《计量法》规定保证计量准确，茶品应有量化标准。《食品卫生法》规定保证食品清洁卫生，顾客安全饮用。因此，应提倡文明经营，要杜绝霉变茶、劣质茶及假茶的经营，防止病从口入，危害人体健康。

3. 礼貌待客，热情服务

这是茶艺人员必备的职业道德之一。热情服务是指茶艺人员出于对自己所从事的职业有肯定的认识，对客人的心理有深刻的理解，因而发自内心地、满腔热情地向客人提供良好的服务。服务中多表现为精神饱满、热情好客、动作迅速、满面春风等。茶艺人员礼貌待客，除仪容仪表、行为举止要求之外，还体现在相互尊重、相互理解、不卑不亢、落落大方等礼貌修养方面。如何培养良好的礼貌修养呢？这是一个自我认识、自我养成、自我提高的过程。茶艺人员只有把礼貌修养看做是自身素质不可缺少的一部分，是事业发展的基础，是完美人格的组成，才会有真正的自觉意识和主动性。

4. 诚信无欺，真实公道

社会主义商业道德要求树立质量第一、信誉第一、顾客第一的观念，以管理水平、服务质量的竞争为基础，反对不顾质量、不讲信誉、巧立名目、以次充好、随意涨价、乱收费用，坚决反对不顾国家利益、尔虞我诈等各种不正确的做法。茶艺人员只有坚持讲信誉、重质量，以服务质量和管理水平为基础开展市场竞争，才能取得良好的效果。

5. 钻研业务，精益求精

做一名称职的茶艺师，除具备上述职业道德要求外，还要掌握过硬的业务本领。如沏一杯茶选用何种茶具，采取什么样的投茶方法，投茶量多少，水温多少为宜，浸泡时间多少为宜，如何斟茶，如何奉茶，如何品茗，以及茶的产地、得名、品质特点、保健作用、保管与鉴别质量等都要清楚地了解。最需强调的是要根据客人的需求提供不同的服务。因此，没有精通业务的过硬本领，服务好顾客的愿望是不能实现的。

模块 七

茶 馆 管 理

通过本模块的学习与训练，使学生了解茶馆茶楼的组织架构与岗位职责、茶馆茶楼各经营模式的特点；熟悉茶馆开店的流程和茶馆业企业经营服务规范；熟悉茶馆员工招聘和培训的内容及茶艺师技能考核指标。在教师的指导下模拟组建一家茶馆，并编制一份茶馆创业计划书，全面提升学生的综合管理水平。

项目三十　茶馆创业计划书的编制

【学习目标】

1. 了解茶馆茶楼各经营模式的优缺点。
2. 熟悉茶馆开店的流程。
3. 掌握茶馆创业计划书的编制。

【关键词】

茶馆、市场定位、CIS 系统设计、茶馆功能分区。

【预习思考】

1. 我国茶馆经营的现状有何特点？
2. 如何开一家主题茶馆？

【实训流程】

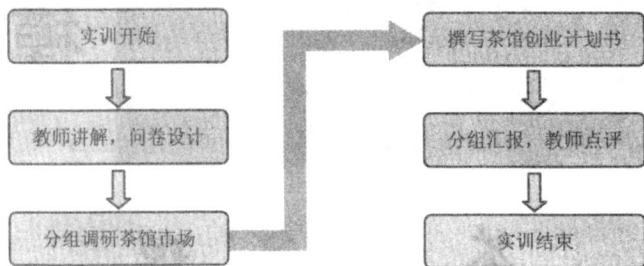

【实训时间】

实训授课 6 学时，共计 270 分钟，其中教师示范讲解 90 分钟，学生外出调研 90 分钟，学生分组汇报、教师点评考核 90 分钟。

【实训内容】

在校内由教师讲解：①我国茶艺馆的经营现状；②茶馆茶楼各经营模式的优缺点；③茶馆市场调研用表与问卷设计；④茶馆创业计划书的撰写与案例解读。然后指导学生 4～5 人一组进行茶馆市场调研，整理调研资料，研讨茶馆市场的定位、产品设计；模拟组建一家茶馆，撰写茶馆创业计划书。最后学生分组汇报，师生共同评估学习成果。

【实训器具】

多媒体设备、活动桌椅教室、外出调研用车、各种调研记录表、计算机等。

【实训成果】

以小组为单位提交一份完整的茶馆创业计划书，内容包括：①商业背景介绍；②市场状况分析；③目标市场选择与定位；④营销组合策略；⑤营销活动与预算安排等。

【实训考核】

采取过程评价与结果评价相结合的方法，在评价过程中按照学生自评、小组互评与教师点评三方面来进行，综合评价学生的实训成绩。学生分小组汇报，教师点评，师生共同填写实训成绩评价表。

【知识链接】

一、茶馆茶楼经营模式的优缺点

目前，茶馆的经营在以茶、茶文化为核心的基础上，广泛借鉴其他行业的成功模式，形式较为多样，每种经营模式都有各自的特点，以下几种是较为常见的经营模式，投资者可针对自身特点选用其中一种，或将多种经营模式相融合，以争取得益最大化。

类　型	特　征	优　点	缺　点
社会综合茶馆	此类茶馆为茶馆的经典样式，为市井休闲之所，给人以随意之感。客户群广，茶客不分老少、职业、学历，经营手段多样	装修投入少，经营管理粗放，风险小，民众休闲味浓，客流量大	茶馆面积要求大，营业额虽高，但利润率不高。由于经营环境嘈杂，客户层次参差不齐，容易引起矛盾，经营需要有较好的协调能力，较为操劳
茶艺馆	此类茶馆较为传统，以饮茶习俗为经营主导，着重突出茶文化氛围，由于消费对象定位较高，对硬件及员工素质有一定的要求	茶馆投资小，利润率较高，不求奢华，以精取胜，文化气息浓郁	此类茶馆受所处城市消费群体的文化水平以及消费观念影响较大。客户群单一、总量也较少，经营者需要有较强的社会公关能力
自助式茶馆	以饮茶为媒介，辅以各种小吃或简易的主食，自由选取，按位论价	此类茶楼适应性强，客户群庞大，对于不喝茶打发休闲时光的人也有吸引力。由于采用自助消费的方式，价格明确，使请客花费的客人心里有底，较易培养人气。对于经营者来说自助式茶馆的规模、成本也较容易控制	对经营者的管理能力要求较高，茶馆需要建立健全的制度，分工明确，规范经营，否则会有风险
现代茶饮厅	此类茶馆将茶同其他果汁、酒水一样作为饮料出售，并辅以餐饮服务时尚，客户主要定位为白领、时尚人士，装修现代而高雅	客户群体收入高而且稳定，消费力持久。轻松和谐的管理及个性时尚的氛围有利于客户群的巩固	受消费群体的影响，此模式只适合在大中型城市经营
复合式茶餐厅	此类茶馆往往是茶与餐馆的结合，餐馆的气氛更浓，在饮茶习俗还未普及的地区，有其发展空间	复合式的经营模式使得利润空间更大	此类茶馆走中间路线，随着茶客品位的提升，易被市场淘汰
主题茶馆	此类饮茶之所以跳出茶饮的范畴，茶仅是媒介，通过饮茶经营他物，或以茶聚会形成俱乐部，或是经营者的爱好，收藏各类艺术品。由于其功能特殊，面积不宜过大	把经营者个人的爱好与茶馆经营结合，主题明确	消费群体狭小，不宜推广

二、茶馆开店流程

　　茶馆资金筹划→茶馆选址→立地评估→市场定位→定点→签约→茶馆整体形象设计→茶馆室内设计→工程装修→专业人员培训→设备配置→物料配备→开业宣传、促销策划→营销策划→试营业→开业→后期经营管理策划。

三、茶馆设计与功能分区

茶楼设计中，茶馆的布局分隔合理与否，除直接体现茶馆的品位档次、视觉效果外，还会对经营、管理起到一定的影响，同时也能够衡量投资者和设计者的品位、内涵和水平。合理的布局，会大大增加茶馆的经营效益，节省人力、物力，降低能源消耗。

茶馆的内部分隔布局，应根据不同的规模、市场定位、行业规范要求，进行合理规划、功能分区，从服务、出品、单据传送等流程为经营创造便利条件，使传送单据距离要短，传送速度要快，服务快捷、衔接到位，出品迅速，制作方便。

茶馆的布局，不管规模大小，必须遵从"功能齐全"、"客人看到的永远都是美的"的宗旨，必须考虑到"四线流程原则"，即客人流线、服务流线、物品流线、信息流线。客人流线与服务流线互不交叉，客人流线直接明了，服务流线快捷高效，信息流线快速准确。客人流线只设一个出入口；服务流线为员工专用出入口，出品专用线路，员工的考勤打卡处、更衣室、用餐餐厅、卫生间等都应在服务流线范围内；物品流线为后勤供应，垃圾清理通道，库房、杂物间等；信息流线为以计算机管理系统为中心的综合布线。

茶馆从区域分布上来说，应具备员工区域（分为办公区和生活区、设备间、库房等）和客用区域。客用区域分为公共区（停车场、卫生间、客用楼梯或电梯）、生产区（吧台、厨房、洗消间、备餐间、热水间）和营业区（商品区、餐饮区、品茗区、结账区、休闲娱乐区）。茶馆的客用区应给客人带来一种神秘而无限的感觉；要有层次感、错落有致；要有移步换景的设置；要体现出具有茶馆特色的文化内涵。

四、经费预算

开一家茶馆所有可以预见的开支有：店铺和装修设计费，店名和标志费，原料和设备费，各种许可证，法律，财会，保险，租赁代理人等各种专业服务费，市场营销，开业仪式费，员工的工资、奖金、服装费、培训费、开业初期的库存和日常开支费等。

五、茶馆市场调研用表与问卷

茶馆竞争对手相关数据统计表

茶馆企业名称	经营面积与茶位数	环境与氛围	服务项目	产品种类	顾客定位	人均消费/元	经营特色	……
A								
B								
C								
⋮								

茶馆市场调研问卷二则

（一）家庭篇

1. 您经常喝茶吗？

    A．是   B．不是

2. 如果喝茶的话，您会选择在哪里喝茶？

    A．家里   B．茶楼   C．其他

3. 您喜欢喝茶的氛围是怎样的？（可多选）

    A．典雅   B．温馨   C．古典   D．休闲

    E．轻松   F．随便

4. 您喜欢哪种类型的茶？（可多选）

    A．红茶   B．绿茶   C．花茶   D．白茶   E．其他

5. 您对中国传统茶文化感兴趣吗？

    A．感兴趣   B．一般   C．不感兴趣

6. 如果您晚饭后和家人一起散步，会去喝茶或者吃夜宵吗？

    A．会，经常   B．会，偶尔   C．不确定   D．不会

7. 您认为茶楼对家庭生活来说有必要吗？

    A．有   B．没有   C．依情况而定

8. 如果您家附近有一家优雅古典、温馨舒适适合您的茶楼，您会选择去茶楼喝早茶或者吃夜宵吗？

    A．会   B．偶尔   C．不会

9. 如果茶楼可以为您提供休闲和娱乐，甚至让您结交志同道合的朋友时您会选择光顾茶楼吗？

    A．会   B．不会   C．不确定

10. 您希望茶馆除茶外还有哪些经营项目？

    A．特色点心   B．传统菜肴   C．西式餐饮   D．专营茶艺

（二）白领篇

1. 在工作时您会选择喝茶吗？

    A．会   B．不会   C．偶尔

2. 如果喝茶您会选择哪种茶？

    A．绿茶类   B．红茶类   C．花茶类   D．青茶类   E．其他

3. 如果有时间您会选择去哪里喝茶？

    A．自助茶馆   B．纯粹茶馆   C．农家茶庄   D．茶餐厅

4. 当您和顾客谈生意时是否会选择茶楼这样的地方？

    A．会   B．一般不会   C．根据顾客的喜好决定   D．其他

5. 您喜欢茶馆喝茶的同时还能提供有说明的附加服务？

    A．茶艺讲解　　　　　B．茶艺展示　　　　C．评书观赏　　　D．古筝伴奏

6. 您通常是在什么情况下选择在茶馆喝茶？

    A．与家庭成员聚会　　B．与朋友聊天　　　C．商务

    D．上网看书品茶　　　E．打牌下棋

7. 您能接受茶的价位是？

    A．30 元以下　　　　　B．30～80 元　　　　C．80～150 元　　D．150 元以上

8. 您的收入大概在？

    A．1000 元以下　　　　B．1000～2000 元

    C．2000～3000 元　　　D．3000～5000 元　　E．5000 元以上

六、茶楼加盟连锁机构 CIS 系统设计

一、基本要素		
1．LOGO 设计	6．中文标准字（竖式）	11．标志与基本资料组合
2．企业标志释义	7．中文指定印刷字体	12．标志与标准字色彩使用规范
3．标志的使用规范	8．企业标准色	13．茶谱设计
4．标志的色彩规范	9．企业辅助色	14．员工服装设计
5．中文标准字（横式）	10．标志与标准字组合	15．茶楼制度文案汇编

二、应用系统		
1．名片、出品单	8．VIP 贵宾卡、来宾卡	15．企业环境标识（门牌）
2．便条纸	9．记事本、存茶卡	16．招牌广告规范
3．普通信封	10．手提袋	17．杯垫
4．纸杯、消费明白卡	11．赠券	18．筷子套
5．圆珠笔	12．邀请卡	19．牙签套
6．公共标识图案	13．薪资袋、找零袋	20．烟灰缸、水盂
7．胸牌	14．餐巾纸	21．雨伞、遮阳伞广告规范

七、茶馆创业计划书

一份完整的茶馆创业计划书一般包括以下内容。

1. 商业背景介绍

（1）企业介绍

（2）品牌介绍

2. 市场状况分析

（1）宏观环境分析
（2）中观环境分析
（3）微观环境分析
（4）SWOT 分析
（5）营销启示

3. 目标市场选择与定位

（1）茶楼市场细分
（2）重点目标消费者
（3）辅助消费者群
（4）行销目标

4. 营销组合策略

（1）产品策略
（2）价格策略
（3）渠道策略
（4）促销策略
（5）人员策略
（6）有形展示策略
（7）服务过程

5. 营销活动与预算安排

（1）行动计划
（2）预算安排

6. 附录

项目三十一　茶馆人员招聘与培训

【学习目标】

1. 了解茶馆茶楼的组织架构与岗位职责。
2. 熟悉茶馆业企业经营服务规范。
3. 掌握茶馆员工招聘与培训的内容及茶艺师技能考核指标。

【关 键 词】

茶馆组织结构、茶馆经营服务规范、员工培训、技能考核。

【预习思考】

1. 我国茶馆经营服务规范包括哪些内容？
2. 茶艺师技能考核指标包括哪些内容？

【实训流程】

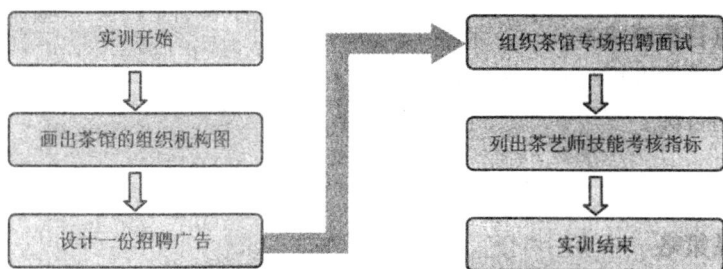

【实训时间】

实训授课 4 学时，共计 180 分钟，其中教师讲解 60 分钟，学生完成作业、模拟招聘 100 分钟，教师点评、考核 20 分钟。

【实训内容】

教师首先介绍本地区茶馆企业组织机构的设置和人员编制的情况，组织学生分组讨论并确定模拟茶馆的组织机构。其次在班里组织一场茶馆企业专场模拟招聘，将学生分成两个小组，一组扮演企业方，一组扮演求职方。在扮演的过程中企业招聘方要有职责分工，如谁扮演考官，谁扮演引导人员，谁扮演接待人员，谁扮演记录员等；求职方要对不同招聘岗位提出申请，扮演企业招聘方的学生要准备面试提纲和面试记录表，扮演求职方的学生要准备个人求职简历。最后指导学生分组制订一份茶馆员工培训计划，列出茶艺师技能考核评价指标。

【实训器具】

多媒体设备、活动桌椅教室、计算机等。

【实训成果】

以小组为单位提交以下作业：①模拟茶馆的组织机构图与各岗位职能说明；②根据模拟茶馆的某一岗位的职能要求设计一份招聘广告，内容包括企业简介、招聘职位说明、应聘者要做哪些准备、应聘的方式和联系方式等；③列出一份面试提纲；④编制一份茶馆员工培训计划，列出茶艺师技能考核指标。

【实训考核】

采取过程评价与结果评价相结合的方法，在评价过程中按照学生自评、小组互评与教师点评三方面来进行，综合评价学生的实训成绩。学生分小组汇报，教师点评，师生共同填写实训成绩评价表。

【知识链接】

一、茶馆组织结构形式与岗位职责

茶馆组织结构形式是指茶馆内部所建立的组织管理体系结构，是茶馆中各部门及各层级之间相互关系的模式。由于茶馆的经营规模一般都不大，有些茶馆只是大饭店或大商厦的一个部门，而且经营品种也较单调，因此一般茶馆均采用直线制组织结构形式，即由企业经理直接或通过一个中间环节领导和管理全体职工的一种组织形式。如下图所示。

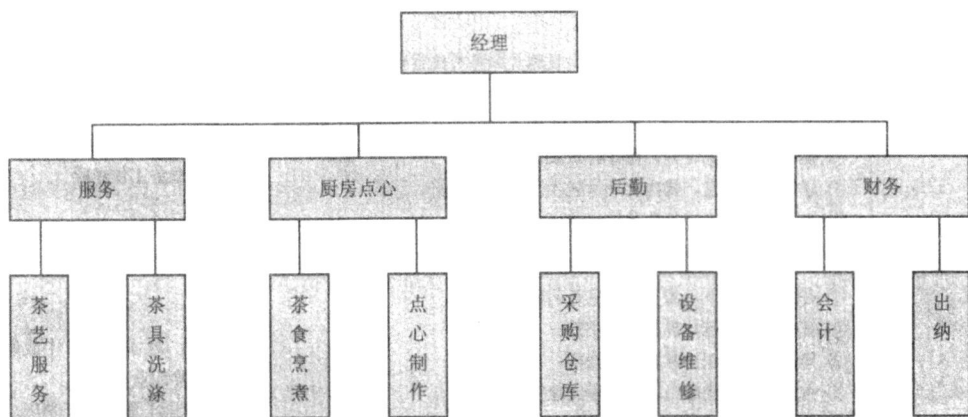

茶馆直线制组织结构示意图

茶馆是服务性行业，在经营过程中应当组织员工合理、有效地进行分工协作，以达到科学管理的目的。茶馆人员数量配置以营业面积 200 平方米左右的茶馆为例，其人员配置如下：经理：1 名；店长：1～2 名；领班：2 名；茶艺师：4 名；点心师：2 名；茶艺员：4～6 名；茶水间服务员：2 名；收银员：2 名；采购员：1 名；保洁员：2 名；茶叶质检员：1 名；库房管理员：1 名。以上人员配置仅供参考，各茶艺经营场所可根据经营面积进行相应调整。

茶馆主要工种与岗位职责如下表所示。

茶馆主要工种及岗位职责表

岗　　位	职　　责	任 职 要 求
经理	① 建立健全内部组织系统，协调各部门关系，建立内部合理且有效的运行机制。 ② 研究并掌握茶行业市场的变化和发展情况，制定价格，适时提出阶段性工作重点，并负责实施。 ③ 负责店内安全保卫、人事工资和计划财务工作。 ④ 参加由店长组织的周工作例会，沟通信息，部署工作。 ⑤ 对茶艺人员进行仪容仪表、劳动纪律检查	① 熟悉并掌握茶文化专业知识。 ② 熟知企业经营和管理知识
店长	① 掌握店内设施情况，协助经理执行经营计划及各项规章制度。 ② 负责与外界职能部门联系，与客人建立良好的关系，遇到问题及时与经理沟通，对客人的合理要求有问有答。 ③ 定期对店内安全系统、库房管理状况等进行检查。 ④ 签署领货单及申请计划，制定物品保管办法。 ⑤ 定期对储存茶叶进行检查，严把质量关。 ⑥ 定期参加由领班召开的例会，协调好领班、茶艺师、员工及客人间的各种关系。 ⑦ 定期检查店内清洁卫生、员工个人卫生和茶水间卫生状况。 ⑧ 对茶艺工作人员进行定期培训，提高其业务技能。 ⑨ 制定员工排班表、考勤表并核准	① 具有高级茶艺师职业资格。 ② 有一定的经营管理经验
领班	① 执行并安排店长分配的工作。 ② 负责召开每天的例会。 ③ 负责检查店内环境卫生、安全设施及服务员仪容仪表等。 ④ 带领员工做好茶叶推广工作。 ⑤ 了解员工心理状态，关心其个人生活，引导其树立良好的集体观。 ⑥ 制订员工考勤计划，做好排班表。 ⑦ 了解行业信息，提出合理化建议，供经理决策。 ⑧ 定期组织员工进行业务技能培训。 ⑨ 定期考核员工业务技能	① 具有中级茶艺师职业资格。 ② 具有两年以上茶艺服务工作经验
茶艺师	① 在领班领导下，为宾客提供茶艺服务。 ② 掌握服务规范，提高服务质量。 ③ 熟知专业知识，掌握泡茶技巧。 ④ 有较强的应变能力，能妥善处理突发事件。 ⑤ 积极主动参加专业知识培训，当好领班的好助手。 ⑥ 根据不同的茶叶和不同的人，选择最合适的茶具及泡茶方法。 ⑦ 主动向客人介绍特色茶叶（点），准确并婉转回答客人的提问	① 具有初、中级茶艺师职业资格。 ② 职高以上学历，五官端正，面容清秀
茶艺迎宾员	① 熟知迎送程序，提供到位服务。 ② 微笑服务，主动并提前为客人开门。 ③ 迎送客人时，做到来有迎声，走有送语。 ④ 坚守工作岗位，不脱岗。 ⑤ 参加营业前的准备工作和营业后的卫生清理工作。 ⑥ 积极准确为领班提供客人人数及基本情况。 ⑦ 积极配合领班，做好客人定位等工作。 ⑧ 掌握茶馆的整体情况，了解特色茶叶及茶点。 ⑨ 积极主动参加专业知识培训	① 职高以上文化程度，身体健康，五官端正，讲普通话。 ② 掌握礼仪礼节知识

续表

岗　　位	职　　责	任职要求
茶艺服务员	① 掌握服务程序和操作规范。 ② 积极主动协助茶艺师工作，当好茶艺师的助手。 ③ 积极主动参加店内组织的学习，不断提高业务素质。 ④ 熟悉各种茶叶、茶点的特点及价格，了解店内特色茶，做好推广工作。 ⑤ 负责擦洗茶具、店内陈列物品、服务用具，搞好店内卫生工作。 ⑥ 客人走后，做好茶具、茶叶的清洁工作，检查并切断电源。 ⑦ 及时满足客人需求，尽量让客人满意	① 具有初中以上文化程度。 ② 了解专业知识。 ③ 具有良好的品行
茶艺收银员	① 自觉遵守财经纪律，严格按财务制度办事。 ② 准确记账，严格收银手续，杜绝错收、漏收现象发生。 ③ 收取的现金必须与账目相符，发现多款、少款应及时查找原因并报经理。 ④ 按国家规定为客人开具发票。按规定填写报表，做到准确无误。 ⑤ 对吧台内的物品，应建立固定物品记账单。 ⑥ 营业结束，做好收尾工作，收好各种单据、印章、计算器，锁好保险柜，做好安全防范工作。 ⑦ 了解茶艺知识、茶叶常识。熟知茶叶、茶具及其他商品的销售价格。 ⑧ 做好交接班工作；搞好收银台内外的环境卫生工作	① 职高以上学历，有会计证。 ② 有非常强的责任心，工作认真踏实。 ③ 了解茶叶基本知识，会操作计算机
点心师	① 按所定食谱精心加工、制作中式以及西式点心食品。 ② 注意个人卫生，操作前要洗手，工作服勤洗，保持清洁。 ③ 掌握蒸煮时间和用气规律。 ④ 认真钻研业务，不断提高点心制作的技术水平。 ⑤ 教授及培训新员工	① 高中学历，持中级点心师资格证。 ② 具有对有害物质的识别能力和良好的卫生意识。 ③ 有餐饮从业人员健康证
采购员	① 负责对店内的茶叶、茶具、食品、物品进行询价，把好质量关，做好采买工作。 ② 了解市场动向，能够货比三家，以达到降低成本的目的。 ③ 严格按照采买程序办事，不得超量购买，不得延误使用。 ④ 认真做好每日采购记录。 ⑤ 掌握货款支票使用方法，发现问题及时上报。 ⑥ 协助库管店长清点数目及质量，签字后入库。 ⑦ 能提出采买的合理化建议	① 熟知茶叶专业知识。 ② 有良好的职业道德。 ③ 熟悉进货渠道
库房管理员	① 随时检查各种物资的品种、数量。如库存量不够，要填写采购单，写明存量、月用量、申购量，确认无误后交主管经理。 ② 严格入库制度，根据物品、茶叶不同的性质合理存放。 ③ 严格按规章制度发货。领货手续不全不发货，如遇特殊情况，须报经理或店长批准。 ④ 经常与使用部门保持联系，库存如有积压，应及时提醒各部门。 ⑤ 积极与各部门配合，做好每月的盘点工作，做到账物相符。 ⑥ 下班前对库房进行安全检查	① 具有高中以上文化程度，有一定的库管经验。 ② 品德优良，工作责任心强，头脑清楚，工作条理性强
保洁员	① 负责区域内的清洁卫生工作。 ② 正确使用清洁剂及清洁器具。 ③ 及时、准确将客人遗留物品上报领班。 ④ 下班后将清洁器具清理干净，送回指定处保管	① 身体健康，无传染病。 ② 有良好的思想品德

二、《茶馆经营服务规范》（SB/T 10654—2012）行业标准

商务部 2012 年第 11 号公告发布《茶馆经营服务规范》（SB/T 10654—2012）行业标准，并于 6 月 1 日在全国正式实施。

茶馆业企业经营服务规范

1 范围

本规范规定了茶馆业的定义、专业服务要求、等级划分条件及经营管理的要求。

本规范适用于中华人民共和国境内各种经济成分的茶馆。

2 引用标准

下列标准所包含的条文，通过在本规范中引用而构成本规范的条文。本规范出版时，所示版本均为有效。所有标准都会被修订，使用本规范的各方应探讨使用下列标准最新版本的可能性。

饭馆（餐厅）卫生标准 GB 16153—1996

食（饮）具消毒卫生标准。GB 14934—1994

酒家酒店分等定级规定 GB/T 13391—2000

3 本规范采用以下定义

茶馆　teahouse

以卖茶水为主要业务的休闲场所。按服务功能可分为演义茶馆、茶艺馆、餐茶馆。

演艺茶馆　performance teahouse

以饮茶为服务手段提供演艺等文化消费服务的场所。

茶艺馆　tea skill hall

以民族茶艺服务为经营特色体验民族茶艺文化消费的休闲娱乐场所。

餐茶馆　tea restaurant

提供茶餐，配以茶水，同时具备餐饮和饮茶服务功能的场所。

茶艺师　tea skill professor

通过专业培训得到资格认证的茶艺服务人员。

本规范将茶馆划分为一级、二级、三级和三级以下。凡标明茶馆之处均是对茶馆行业的统一要求，有不同要求的则标明演义茶馆、茶艺馆、餐茶馆。

4 通用要求

4.1 就业准入要求

4.1.1 具备合法的劳动从业资格。

4.1.2 具有符合岗位要求的文化程度。

4.1.3 具有符合岗位要求的专业技术证书。

4.1.4 具有符合岗位要求的健康证明。

4.1.5 具有相应的上岗培训考核合格证明。

4.1.6 遵守商业职业道德。

4.2 职业道德

4.2.1 自觉贯彻执行党和国家的各项方针政策和规定，遵纪守法，依法经营，文明经商。

4.2.2 热爱茶馆服务工作，全心全意为顾客服务，忠实履行自己的职业职责。

4.2.3 尊重顾客，满足顾客的需要，做好服务工作。

4.2.4 诚信待客，公平交易，实事求是，履行承诺，维护企业信誉和消费者合法权益。

4.3 仪容仪表

4.3.1 仪表端庄，仪态大方，精神饱满，举止得体，面带微笑，自尊自爱。

4.3.2 服装整洁统一，工号醒目，鞋袜整洁，不穿高跟鞋（鞋跟不超过 5 厘米）。发型美观，自然大方。

4.3.3 注意接待礼节礼仪。对不同国家、不同民族、不同顾客的迎送，要根据生活习惯等做好相应的接待工作。

4.3.4 注意生活细节，不允许出现不文明的举止（如剔牙、挠头皮、修指甲、打哈欠等），避免给顾客留下不文明的感觉。

4.4 接待服务

4.4.1 服务人员在接待顾客的过程中除适应茶馆经营特色采用方言外，应积极推广和使用普通话，掌握语言交往的原则和技巧。

4.4.2 顾客进入服务区域，要笑脸相迎，使用文明用语，主动招呼，说话声音温和，适时适度提供服务。

4.4.3 据实向顾客介绍服务项目、消费价格，认真倾听顾客提出的问题，对重点问题要进行重复，以使准确了解顾客的需求。有问必答，回答问题准确和简明扼要，为顾客当好参谋。属于单项收费的茶艺服务，应事先征得顾客的同意。

4.4.4 不介入顾客谈话，不对顾客品头论足。

4.4.5 企业可根据需要配备掌握日常接待用语的外语服务员。

4.5 卫生要求

4.5.1 有健全的卫生管理制度并有专人负责卫生工作。

4.5.2 与食品接触的工作人员必须持有健康许可证，负责餐饮加工和冷拼的人员须戴口罩、手套上岗，销售直接入口食品时必须使用售货工具。

4.5.3 餐厅内外应保持清洁、整齐，清扫时应采用湿式作业。

4.5.4 带空调的餐厅内必须设洗手间。食（餐）具应执行 GB 14934 规定。

4.5.5 供应的饮水应符合 GB 5749 规定。

4.5.6 餐厅内部装饰材料不得对人体产生危害。

4.5.7 餐厅应有防虫、防蝇、防蟑螂和防鼠害的措施，应严格执行全国爱卫会除四害的考核规定。

4.5.8　根据餐厅席位数，在隐蔽地带设置相应数量的男女厕所。厕所采用水冲洗式，设座式便桶的应配备一次性消毒垫纸。厕所内应有单独排风系统。

4.5.9　食（具）消毒间（室）必须建在清洁、卫生、水源充足，远离厕所，无有害气体、烟雾、灰沙和其他有毒有害品污染的地方。严格防止蚊、蝇、鼠及其他害虫的进入和隐匿。

4.5.10　食（具）洗涤、消毒、清洗池及容器应采用无毒、光滑、便于清洗、消毒、防腐蚀的材料。

4.5.11　消毒食（饮）具应有专门的存放柜，避免与其他杂物混放，并对存放柜定期进行消毒处理，保持其干燥、清洁。

4.5.12　洗刷消毒用的洗涤剂、消毒剂要符合 GB 14930.1 和 GB 14930.2 的规定。

4.6　经营管理

4.6.1　严格按照国家的食品、卫生、防疫、环保、节约、消防、安全、规划等法律法规的要求，合法经营。

4.6.2　原材料从合法渠道进口，各种原料、辅料、调料的质量应符合国家的有关规定和要求。

4.6.3　尽可能采用节能、节约型设施设备，降低能源消耗，保证各种设施设备符合国家有关规定。不使用一次性木筷。

4.6.4　明示营业时间、供应品种和服务项目的收费标准，并严格按明码标价执行，提供的服务内容和费用应当符合与消费者的约定。

4.6.5　有完善的岗位责任制和服务操作规范。

4.6.6　严格控制茶渣、餐厨垃圾的流向，应做好分类处理和回收利用工作。

4.6.7　应当依法向接受其服务的消费者出具单据。

4.6.8　应当文明经营、热情服务，不得强行拉客，不得侵犯消费者的人格尊严和危害消费者的人身、财产安全。

4.6.9　不得利用经营场所从事色情、赌博等违法活动。

4.6.10　在经营过程中不得擅自改变登记注册的主要登记事项，不得转让、出借、出卖、出租、涂改营业执照。

5　分级要求

5.1　一级茶馆

5.1.1　应提供的服务

5.1.1.1　茶艺馆经营的茶叶品种不少于 30 种，并包括全国的主要名茶。演艺茶馆、餐茶馆及在店名上直接体现品种特色的茶艺馆不作品种数量要求。茶叶品种符合等级标准要求，明码标价。

5.1.1.2　茶艺馆应根据不同的茶叶种类，准备多套不同材质茶具。

5.1.1.3　茶馆晚间营业结束时间不早于 22 时。

5.1.1.4 除经营特色需采用个性化语言服务外,应积极推广使用标准普通话及用于简单日常接待的外语进行服务。

5.1.1.5 茶馆从业人员均应培训合格后上岗。茶艺馆茶艺师与从业人员的比例不低于1:3。演艺茶馆、餐茶馆参照茶艺馆的比例略低,由企业自己掌握。

5.1.1.6 茶馆的装修装饰、背景音乐、服务人员着装宜突出民族性。

5.1.1.7 餐茶馆的餐饮供应品种有特色,或者具有中国菜点的传统风味;供应方便快捷,符合营养卫生要求;品种配料、加工统一标准,规格一致;品种口味纯正,质感保持不变。

5.1.1.8 设迎宾员,在营业时间内引领客人就位。

5.1.1.9 设值班经理,协调前厅接待工作。

5.1.2 设施设备

5.1.2.1 演艺茶馆、餐茶馆营业面积不低于500平方米,茶艺馆营业面积不少于400平方米。餐茶馆有同时容纳100人以上就餐的餐厅,每个餐位面积不小于1.6平方米。有配套的桌椅、用具、餐具、饮具。餐茶馆的厨房面积与餐厅面积相适应。有符合仓储条件的原材料库房。

5.1.2.2 茶馆要空气流畅、清新,应有空调或供暖设施。有良好的照明度和适宜的温度,光线柔和。有应急照明设备。

5.1.2.3 有符合规定的消防设施设备,污水排放设施设备,茶具、酒具、用品消毒设备、除尘设备,垃圾存放设备。设施设备方便安全,完好率100%。

5.1.2.4 装饰陈设有特色。门面装饰美观大方,有明显的标志,字号牌匾的文字书写规范、工整、醒目,店堂内外干净明亮,布局合理。在醒目位置悬挂企业《营业执照》、《卫生许可证》、服务项目与价目表等。客人消费场所设有醒目规范的公共标识。

5.2 二级茶馆

5.2.1 应提供的服务

5.2.1.1 茶艺馆经营的茶叶品种不少于25种,并包括全国的主要名茶。演艺茶馆、餐茶馆及在店名上直接体现品种特色的茶艺馆不作品种数量要求。茶叶品种符合等级标准要求,明码标价。

5.2.1.2 茶艺馆应根据不同的茶叶种类,准备多套不同材质茶具。

5.2.1.3 茶馆晚间营业结束时间不早于22时。

5.2.1.4 除经营特色需采用个性化语言服务外,应积极推广使用标准普通话及用于简单日常接待的外语进行服务。

5.2.1.5 茶馆从业人员均应培训合格后上岗。茶艺馆茶艺师与从业人员的比例不低于1:5。演艺茶馆、餐茶馆参照茶艺馆的比例略低,由企业自己掌握。

5.2.1.6 茶馆的装修装饰、背景音乐、服务人员着装宜突出民族性。

5.2.1.7 餐茶馆的餐饮供应品种有特色,或者具有中国菜点的传统风味; 供应方便快捷,符合营养卫生要求;品种配料、加工统一标准,规格一致;品种口味纯正,质感保持不变。

5.2.1.8　设迎宾员，在营业时间内引领客人就位。

5.2.2　设施设备

5.2.2.1　演艺茶馆、餐茶馆营业面积不低于 400 平方米，茶艺馆营业面积不少于 300 平方米。餐茶馆有同时容纳 60 人以上就餐的餐厅，每个餐位面积不小于 1.6 平方米。有配套的桌椅、用具、餐具、饮具。餐茶馆的厨房面积与餐厅面积相适应。有符合仓储条件的原材料库房。

5.2.2.2　茶馆要空气流畅、清新，应有空调或供暖设施。有良好的照明度和适宜的温度，光线柔和。有应急照明设备。

5.2.2.3　有符合规定的消防设施设备，污水排放设施设备，茶具、酒具、用品消毒设备，除尘设备，垃圾存放设备。设施设备方便安全，完好率 100%。

5.2.2.4　装饰陈设有特色。门面装饰美观大方，有明显的标志，字号牌匾的文字书写规范、工整、醒目，店堂内外干净明亮，布局合理。在醒目位置悬挂企业《营业执照》、《卫生许可证》、服务项目与价目表等。客人消费场所设有醒目规范的公共标识。

5.3　三级茶馆

5.3.1　应提供的服务

5.3.1.1　茶艺馆经营的茶叶品种不少于 20 种。演艺茶馆、餐茶馆及在店名上直接体现品种特色的茶艺馆不作品种数量要求。茶叶品种符合等级标准要求，明码标价。

5.3.1.2　茶馆晚间营业结束时间不早于 22 时。

5.3.1.3　能用标准普通话进行服务。

5.3.1.4　茶馆从业人员均应培训合格后上岗。茶艺馆茶艺师与从业人员的比例不低于 1：7。演艺茶馆、餐茶馆参照茶艺馆的比例略低，由企业自己掌握。

5.3.1.5　餐茶馆的餐饮供应品种有特色，或者具有中国菜点的传统风味；供应方便快捷，符合营养卫生要求；品种配料、加工统一标准，规格一致；品种口味纯正，质感保持不变。

5.3.2　设施设备

5.3.2.1　演艺茶馆、餐茶馆营业面积不低于 150 平方米，茶艺馆营业面积不少于 100 平方米。

5.3.2.2　餐茶馆有同时容纳 40 人以上就餐的餐厅，每个餐位面积不小于 1.6 平方米。有配套的桌椅、用具、餐具、饮具。餐茶馆的厨房面积与餐厅面积相适应。有符合仓储条件的原材料库房。

5.3.2.3　茶馆要空气流畅、清新，应有空调或供暖设施。有良好的照明度和适宜的温度，光线柔和。有应急照明设备。

5.3.2.4　有符合规定的消防设施设备，污水排放设施设备，茶具、酒具、用品消毒设备，除尘设备，垃圾存放设备。设施设备方便安全，完好率 100%。

5.3.2.5　装饰陈设有特色。门面装饰美观大方，有明显的标志，字号牌匾的文字书写规范、工整、醒目，店堂内外干净明亮，布局合理。在醒目位置悬挂企业《营业执照》、《卫生许可证》、服务项目与价目表等。客人消费场所设有醒目规范的公共标识。

三、中级茶艺师操作技能考核试题列举

紫砂壶冲泡工夫茶茶艺表演

1. 准备要求

（1）考场准备

1）化妆间、化妆镜准备。

2）考核场所：茶艺室 40 平方米左右，茶艺表演操作台 6 套（考试分为口试和实际操作两部分，在对考生进行仪表及礼貌、茶类推介、茶艺程序介绍考试后，考生以 6 人为一个小组再进行实际操作部分的考核）。

3）乌龙茶类较有代表性的品牌茗茶样品共 4 个，每个样品重量为 250 克。

4）按下表所列种类及数量准备茶具（每次同时考核 6 人），如数准备 6 套。

紫砂壶冲泡工夫茶茶艺每位考生所需配套茶具列表

序号	名称	单位	数量	序号	名称	单位	数量
1	表演台及凳	套	1	8	茶叶罐	个	1
2	茶盘	个	1	9	茶荷	个	1
3	随手泡	个	1	10	用具组	组	1
4	紫砂壶	把	1	11	茶巾	条	1
5	闻香杯	个	4	12	饮用水	桶	4
6	品茗杯	个	4	13	壶垫	个	1
7	杯垫	个	4	14	杯洗	个	1

（2）考生准备

1）化妆用品以及服装等。

2）茶艺表演前，在备考场所完成化妆。

2. 考核要求

1）本题分值：100 分。

2）考核时间：50 分钟（含准备出场时间 5 分钟）。

3）考核形式：口试、实操。

4）具体考核要求：以下 9 项中，前 3 项的考评要求考生逐个出场，每位考生出场到指定座位就座，连续考评完前 3 项后，再让下一位考生出场考核。后 6 项的考评以 6

人为一小组同时连续进行，已考完前 3 项的考生不退场，原位等待，5 人同时进行后 6 项的考评。

9 个考核项目的具体要求与要点列表

项　目	具体要求	考核要点
仪容仪态及礼仪	考生依据中级茶艺师职业及工夫茶茶艺表演要求，完成好仪表化妆，强调在茶艺表演中展现良好的仪容仪态	考生逐个出场，考核其行走姿态；站定后自我介绍，考核其站立姿态；坐下现场表演，考核其坐姿及面部表情。重点是走姿、站姿、坐姿和面部表情四方面，另要结合考核其面饰、发饰及服饰
茗茶品质因子介绍及推介	考生从所提供的茶样中抽选一个作为推介对象，现场结合该茗茶的外形、香气、汤色、滋味和叶底 5 项因子介绍其品质风格，并结合产地优势等进行推介	对该乌龙茶茗茶品质风格和产地优势的了解、掌握，以及向顾客的推介技巧
茶艺解说	考生根据紫砂壶泡工夫茶的茶艺表演程序及内容等展开现场解说，每人解说的内容长度约占该套茶艺表演全内容的 1/3。	茶艺表演的语言演说表达能力，包括解说的节奏、语调和清晰度等
茗茶选择准备	考生按紫砂壶冲泡工夫茶的茶艺表演对所用乌龙茶茗茶的准备要求，从茶样中选出适用的乌龙茶茗茶，并挑选雅致的适合表演用的茶叶罐，再把所选茗茶轻巧地装入罐内待用	是否顺利地完成对所需茗茶的选择、挑选表演用的雅致茶叶罐，以及将茶叶装罐的操作技艺。操作过程强调其表演的技艺效果
茶具配套艺术	考生按紫砂壶冲泡工夫茶的茶艺表演对茶具配备的艺术感要求，完成茶具的选型配套	工夫茶茶艺表演所需茶具的种类、数量是否齐全；茶具的选型配套在形状、色泽、大小等方面是否协调、显艺术感
茶具艺术摆设	考生按紫砂壶冲泡工夫茶的茶艺表演对所用茶具的艺术摆设要求，完成表演台上的茶具摆设	工夫茶茶艺表演所用茶具在表演台面上摆设的艺术效果，含位置、距离、方向等
茶艺表演程式	考生依据紫砂壶冲泡工夫茶的茶艺表演程序要求，流畅地完成茶艺表演的全过程	工夫茶茶艺表演全过程技艺上的娴熟感、流畅感。 （参考茶艺程式：茶具荟萃→巧煮甘泉→鉴赏佳茗→孟臣沐淋→乌龙入宫→春风拂面→悬壶高冲→育华催香→关公巡城→韩信点兵→敬献佳茗→品茗啜香→施礼谢幕）
茶艺表演操作节奏	考生依据紫砂壶冲泡工夫茶的茶艺表演艺术节奏要求，在茶艺表演中展现出明显的艺术节奏感	工夫茶茶艺表演技艺上的节奏感，包括动作快慢、起伏得当、节律准确
茶艺表演姿态、仪容	考生依据紫砂壶冲泡工夫茶的茶艺表演姿态艺术要求，尤其是手姿的艺术要求，在茶艺表演过程中塑造出手的姿态美感，仪容自如	工夫茶茶艺表演姿态艺术塑造的美感，重点为手姿的艺术美感，同时仪容自如

3. 配分与评分标准

序号	考核内容	考核要点	配分	评分标准	扣分	得分
1	仪容仪态及礼仪	① 走姿身直，步调适中。 ② 站姿身直挺自如。 ③ 坐姿身直，腿并拢。 ④ 自我介绍，注重礼仪表现。 ⑤ 仪表端庄	5分	① 走姿摇摆，扣1分；脚步过大，扣0.5分。 ② 站姿身歪，扣2分；腿张开，扣1.5分；目低视，扣1分。 ③ 坐姿身欠直，扣1分；目低视，仪容欠自如，扣0.5分。 ④ 不注重礼貌用语，扣1分。 ⑤ 仪表欠端庄，扣1分		
2	茗茶品质因子介绍及推介	① 茗茶五项品质因子介绍全面。 ② 茗茶推介注重技巧	15分	① 五项品质因子介绍含糊不清，欠推介，扣6分。 ② 五项品质因子介绍基本清楚，欠推介，扣4分。 ③ 五项品质因子介绍表达较准确，有推介，语言欠清晰动听，扣2分		
3	茶艺解说	① 熟悉完整介绍茶艺程序内容。 ② 语言清晰动听	10分	① 介绍茶艺程序不完整，语言表达差，扣6分。 ② 介绍茶艺程序尚完整，内容欠详，语言平淡，扣4分。 ③ 介绍茶艺程序内容完整，语言欠清晰动听，扣2分		
4	茗茶选择准备	① 选择茗茶正确、快捷。 ② 选罐装茶艺术	10分	① 未能正确选到所需茗茶，尚能装罐，扣6分。 ② 犹疑地选到所用茗茶，选罐装茶尚艺术，扣4分。 ③ 正确快捷选到所需茗茶，选罐装茶尚艺术，扣2分		
5	茶具配套艺术	① 茶具配套齐全。 ② 茶具艺术配套	5分	① 茶具配套有错乱，不利索，扣3分。 ② 茶具配套齐全，色泽、大小欠艺术，扣2分。 ③ 茶具配套齐全，色泽、大小尚艺术，扣1分		
6	茶具艺术摆设	摆设位置、距离、方向美观有艺术感	5分	① 摆设位置欠正确，欠美观，扣3分。 ② 摆设位置正确，距离不当，欠美观，扣2分。 ③ 摆设位置、距离正确，不注意花纹方向，扣1分		

序号	考核内容	考 核 要 点	配分	评 分 标 准	扣分	得分
7	茶艺表演程式	表演全过程流畅地完成	15分	① 未能连续完成，中断或出错3次以上，扣9分。 ② 能基本顺利完成，中断或出错2次以下，扣6分。 ③ 能不中断地完成，出错1次，扣4分		
8	茶艺表演操作节奏	表演操作快慢、起伏有明显的节奏感	15分	① 表演操作技艺平淡，缺乏节奏感，扣9分。 ② 表演操作技艺尚显节奏感，扣6分。 ③ 表演操作技艺得当，欠娴熟，节奏感尚明显，扣3分		
9	茶艺表演姿态、仪容	表演姿态造型美观、艺术感强，仪容自如	15分	① 表演姿态造型平淡，表情紧张，扣9分。 ② 表演姿态造型显艺术感，表情平淡，扣6分。 ③ 表演姿态造型尚美观，仪容表情尚自如，扣3分		
10	考核时间	50分钟	5分	在表中序号为2~6项考核时，每项超时1分钟以上，扣1分		
	合　　计		100分			

否定项：表中序号为1~7项的考核，每项在宣布开始后，超过2分钟考生仍不能正常开展考试的，终止其该项考试，该项记为"0"分；考生所用时间不足该项规定时间的1/3的，该项记为"0"分。

时间规定：准备出场时间5分钟；1~3项分别为4分钟；4~6项分别为6分钟；7~9项同时进行，为15分钟。

参 考 文 献

蔡荣章. 2006. 茶道入门三篇. 北京：中华书局.

蔡荣章. 2007. 茶道入门-泡茶篇. 北京：中华书局.

蔡万坤. 2005. 餐厅与宴会服务实训. 北京：中国劳动社会保障出版社.

茶联网. 2012. 茶馆传统经营模式是什么样的. http://edu.teauo.com/Management/20120123/8914.html.

茶趣网. 2012. 茶艺表演的音乐特色. http://www.chaquwang.cn/cdys/14494958219.html.

陈子法. 2002. 茶艺. 北京：中国劳动社会保障出版社.

高运华. 2005. 茶艺服务与技巧. 北京：中国劳动社会保障出版社.

霍艳平. 2006. 名茶冲泡技艺. 北京：中国轻工业出版社.

李洪编. 2006. 轻松泡茶成高手. 北京：中国轻工业出版社.

李伟，李学昌. 2007. 学茶艺. 郑州：中原农民出版社.

栗书河. 2006. 茶艺服务训练手册. 北京：旅游教育出版社.

刘修明. 2002. 茶与茶文化基础知识. 北京：中国劳动社会保障出版社.

乔木森. 2005. 茶席设计. 上海：上海文化出版社.

饶雪梅. 2007. 餐饮服务实训教程. 北京：科学出版社.

饶雪梅，李俊. 2008. 茶艺服务实训教程. 北京：科学出版社.

阮浩耕，江万绪. 2005. 茶艺. 杭州：浙江科学技术出版社.

施海根. 2007. 中国名茶图谱. 绿茶、红茶、黄茶、白茶卷. 上海：上海文化出版社.

施海根. 2007. 中国名茶图谱. 乌龙茶、黑茶及压制茶、花茶、特种茶卷. 上海：上海文化出版社.

杨涌. 2007. 茶艺服务与管理. 南京：东南大学出版社.

叶羽编. 2004. 茶事服务指南. 北京：中国轻工业出版社.

张建庭. 2005. 图说中国茶艺. 杭州：浙江摄影出版社.

郑春英. 2005. 茶艺服务. 北京：高等教育出版社.

中国就业培训技术指导中心. 2008. 茶艺师（技师技能 高级技师技能）. 北京：中国劳动社会保障出版社.

朱迎迎. 2002. 插花艺术. 北京：中国林业出版社.

附录 A

茶艺师国家职业资格标准

1. 职业概况

1.1 职业名称：茶艺师。

1.2 职业定义：在茶艺馆、茶室、宾馆等场所专职从事茶饮艺术服务的人员。

1.3 职业等级：本职业共设五个等级，分别为：初级茶艺师（国家职业资格五级）、中级茶艺师（国家职业资格四级）、高级茶艺师（国家职业资格三级）、茶艺技师（国家职业资格二级）、高级茶艺技师（国家职业资格一级）。

1.4 职业环境：室内、常温。

1.5 职业能力特征：具有较强的语言表达能力，一定的人际交往能力、形体知觉能力，较敏锐的嗅觉、色觉和味觉，有一定的美学鉴赏能力。

1.6 基本文化程度：初中毕业。

1.7 培训要求：

1.7.1 培训期限：全日制职业学校教育，根据其培养目标和教学计划确定。晋级培训期限：初级茶艺师不少于 160 标准学时；中级茶艺师不少于 140 标准学时；高级茶艺师不少于 120 标准学时；茶艺技师、高级茶艺技师不少于 100 标准学时。

1.7.2 培训教师：各等级的培训教师应具备茶艺专业知识和相应的教学经验。培训初级、中级茶艺师的教师应取得本职业高级以上职业资格证书；培训高级茶艺师的教师应取得本职业技师以上职业资格证书或具有相关专业中级以上专业技术职务任职资格；培训技师的教师应具有本职业高级技师职业资格证书或相关专业高级专业技术职务任职资格；培训高级技师的教师应具有本职业高级技师职业资格证书 2 年以上或相关专业高级专业技术职务任职资格。

1.7.3 培训场地设备：满足教学需要的标准教室及实际操作的品茗室。教学培训场地应分别具有讲台、品茗台及必要的教学设备和品茗设备；有实际操作训练所需的茶叶、茶具、装饰物，采光及通风条件良好。

1.8 鉴定要求

1.8.1 适用对象：从事或准备从事本职业的人员。

1.8.2　申报条件：

——初级茶艺师（具备以下条件之一者）

（1）经本职业初级正规培训达规定标准学时数，并取得毕（结）业证书。

（2）在本职业连续见习工作2年以上。

——中级茶艺师（具备以下条件之一者）

（1）取得本职业初级资格证书后，连续从事本职业工作3年以上，经本职业中级正规培训达规定标准学时数，并取得毕（结）业证书。

（2）取得本职业初级资格证书后，连续从事本职业工作5年以上。

（3）取得经劳动保障行政部门审核认定的，以中级技能为培养目标的中等以上职业学校本职业（专业）毕业证书。

——高级茶艺师（具备以下条件之一者）

（1）取得本职业中级职业资格证书后，连续从事本职业工作3年以上，经本职业高级正规培训达规定标准学时数，并取得毕（结）业证书。

（2）取得本职业中级职业资格证书后，连续从事本职业工作7年以上。

（3）取得高级技工学校或经劳动保障行政部门审核认定的，以高级技能为培养目标的高等职业学校本职业（专业）毕业证书。

（4）取得本职业中级职业资格证书的大专以上本专业或相关专业毕业生，连续从事本职业工作2年以上。

——茶艺技师（具备以下条件之一者）

（1）取得本职业高级资格证书后，连续从事本职业工作5年以上，经本职业技师正规培训达规定标准学时数，并取得毕（结）业证书。

（2）取得本职业高级职业资格证书后，连续从事本职业工作7年以上。

（3）高级技工学校本专业毕业生，连续从事本职业工作满3年。

——高级茶艺技师（具备以下条件之一者）

（1）取得本职业技师职业资格证书后，连续从事本职业工作4年以上，经本职业高级技师正规培训达规定标准学时数，并取得毕（结）业证书。

（2）取得本职业技师资格证书后，连续从事本职业工作5年以上。

1.8.3　鉴定方式：

分为理论知识考试和技能操作考核。理论知识考试采用闭卷笔试方式；技能操作考核采用实际操作、现场问答等方式，由2～3名考评员组成考评小组，考评员按照技能考核规定各自打分，取平均分为考核得分。理论知识考试和技能操作考核均实行百分制，成绩皆达60分以上者为合格。技师和高级技师鉴定还须进行综合评审。

1.8.4　考评人员与考生配备比例：

理论知识考试考评人员与考生配比为1：15，每个标准教室不少于2人；技能操作考核考评员与考生配比为1：3，且不少于3名考评员。

1.8.5 鉴定时间：

各等级理论知识考试时间不超过 120 分钟。初、中、高级技能操作考核时间不超过 50 分钟，技师、高级技师技能操作考核时间不超过 120 分钟。

1.8.6 鉴定场所设备：

理论知识考试在标准教室内进行。技能操作考核在品茗室进行。品茗室设备及用具应包括：①品茗台；②泡茶、饮茶主要用具；③辅助用品；④备水器；⑤备茶器；⑥盛运器；⑦泡茶席；⑧茶室用品；⑨泡茶用水；⑩冲泡用茶及相关用品；⑪茶艺师用品。鉴定场所设备可根据不同等级的考核需要增减。

2. 基本要求

2.1 职业道德

2.1.1 职业道德基本知识

2.1.2 职业守则

（1）热爱专业，忠于职守

（2）遵纪守法，文明经营

（3）礼貌待客，热情服务

（4）真诚守信，一丝不苟

（5）钻研业务，精益求精

2.2 基础知识

2.2.1 茶文化基本知识

（1）用茶的源流

（2）饮茶方法的演变

（3）茶文化的精神

（4）中外饮茶风俗

2.2.2 茶叶知识

（1）茶树基本知识

（2）茶叶种类

（3）名茶及其产地

（4）茶叶品质鉴别知识

（5）茶叶保管方法

2.2.3 茶具知识

（1）茶具的种类及产地

（2）瓷器茶具

（3）紫砂茶具

（4）其他茶具

2.2.4 品茗用水知识

（1）品茶与用水的关系

（2）品茗用水的分类

（3）品茗用水的选择

2.2.5 茶艺基本知识

（1）品饮要义

（2）冲泡技巧

（3）茶点选配

2.2.6 科学饮茶

（1）茶叶主要成分

（2）科学饮茶常识

2.2.7 食品与茶叶营养卫生

（1）食品与茶叶卫生基础知识

（2）饮食业食品卫生制度

2.2.8 法律法规知识

（1）《劳动法》常识

（2）《食品卫生法》常识

（3）《消费者权益保障法》常识

（4）《公共场所卫生管理条例》常识

（5）劳动安全基本知识

3. 工作要求

本标准对初级茶艺师、中级茶艺师、高级茶艺师、茶艺技师及高级茶艺技师的技能要求依次递进，高级别包括低级别的要求。

3.1 初级茶艺师

职业功能及工作内容		技 能 要 求	相 关 知 识
一、接待	（一）礼仪	① 能做到个人仪容仪表整洁大方。 ② 能够正确使用礼貌服务用语	① 仪容、仪表、仪态常识。 ② 语言应用基本常识
	（二）接待	① 能够做好营业环境准备。 ② 能够做好营业用具准备。 ③ 能够做好茶艺人员准备。 ④ 能够主动、热情地接待客人	① 环境美常识。 ② 营业用具准备的注意事项。 ③ 茶艺人员准备的基本要求。 ④ 接待程序基本常识
二、准备与演示	（一）茶艺准备	① 能够识别主要茶叶品类并根据泡茶要求准备茶叶品种。 ② 能够完成泡茶用具的准备。 ③ 能够完成泡茶用水的准备。 ④ 能够完成冲泡用茶相关用品的准备	① 茶叶分类、品种、名称知识。 ② 茶具的种类和特征。 ③ 泡茶用水的知识。 ④ 茶叶、茶具和水质鉴定知识

续表

职业功能及工作内容		技 能 要 求	相 关 知 识
二、准备与演示	（二）茶艺演示	① 能够在茶叶冲泡时选择合适的水质、水量、水温和冲泡器具。 ② 能够正确演示绿茶、红茶、乌龙茶、白茶、黑茶和花茶的冲泡。 ③ 能够正确解说上述茶艺的每一步骤。 ④ 能够介绍茶汤的品饮方法	① 茶艺器具应用知识。 ② 不同茶艺演示要求及注意事项
三、服务与销售	（一）茶事服务	① 能够根据顾客状况和季节不同推荐相应的茶饮。 ② 能够适时介绍茶的典故、艺文，激发顾客品茗的兴趣	① 人际交流基本技巧。 ② 有关茶的典故和艺文
	（二）销售	① 能够揣摩顾客心理，适时推介茶叶与茶具。 ② 能够正确使用茶单。 ③ 能够熟练完成茶叶茶具的包装。 ④ 能够完成茶艺馆的结账工作。 ⑤ 能够指导顾客进行茶叶储藏和保管。 ⑥ 能够指导顾客进行茶具的养护	① 茶叶茶具包装知识。 ② 结账基本程序知识。 ③ 茶具养护知识

3.2 中级茶艺师

职业功能及工作内容		技 能 要 求	相 关 知 识
一、接待	（一）礼仪	① 能保持良好的仪容仪表。 ② 能有效地与顾客沟通	① 仪容仪表知识。 ② 服务礼仪中的语言表达艺术。 ③ 服务礼仪中的接待艺术
	（二）接待	能够根据顾客特点，进行针对性的接待服务	① 环境美知识。 ② 顾客心理学知识
二、准备与演示	（一）茶艺准备	① 能够识别主要茶叶品级。 ② 能够识别常用茶具的质量。 ③ 能够正确配置茶艺茶具和布置表演台	① 茶叶质量分级知识。 ② 茶具质量知识。 ③ 茶艺茶具配备基本知识
	（二）茶艺演示	① 能够按照不同茶艺要求，选择和配置相应的音乐、服饰、插花、薰香、茶挂。 ② 能够担任3种以上茶艺表演的主泡	① 茶艺表演场所布置知识。 ② 茶艺表演基本知识
三、服务与销售	（一）茶事服务	① 能够介绍清饮法和调饮法的不同特点。 ② 能够向顾客介绍各地名茶、名泉。 ③ 能够解答顾客有关茶艺的问题	① 艺术品茗知识。 ② 茶的清饮法和调饮法知识
	（二）销售	能够根据茶叶、茶具销售情况，提出货品调配建议	货品调配知识

3.3　高级茶艺师

职业功能及工作内容		技 能 要 求	相 关 知 识
一、接待	(一)礼仪	能保持形象自然、得体、高雅,并能正确运用国际礼仪	① 人体美学基本知识及交际原则。 ② 外宾接待注意事项。 ③ 茶艺专用外语基本知识
	(二)接待	能够用外语说出主要茶叶、茶具品种的名称,并能用外语对外宾进行简单的问候	各种基本语言知识
二、准备与演示	(一)茶艺准备	① 能够介绍主要名优茶产地及品质特征。 ② 能够介绍主要瓷器茶具的款式及特点。 ③ 能够介绍紫砂壶主要制作名家及其特色。 ④ 能够正确选用少数民族茶饮的器具、服饰。 ⑤ 能够准备调饮茶的器物	① 茶叶品质知识。 ② 茶叶产地知识
	(二)茶艺演示	① 能够掌握各地风味茶饮和少数民族茶饮的操作(3种以上)。 ② 能够独立组织茶艺表演并介绍其文化内涵。 ③ 能够配制调饮茶(3种以上)	① 茶艺表演美学特征知识。 ② 地方风味茶饮和少数民族茶饮基本知识
三、服务与销售	(一)茶事服务	① 能够掌握茶艺消费者需求特点,适时营造和谐的经营气氛。 ② 能够掌握茶艺消费者的消费心理,正确引导顾客消费。 ③ 能够介绍茶文化旅游事项	① 顾客消费心理学基本知识。 ② 茶文化旅游基本知识
	(二)销售	① 能够根据季节变化、节假日等特点,制订茶艺馆消费品调配计划。 ② 能够按照茶艺馆要求,参与或初步设计茶事展销活动	茶事展示活动常识

3.4　茶艺技师

职业功能及工作内容		技 能 要 求	相 关 知 识
一、茶艺馆布局设计	(一)提出茶艺馆设计要求	① 能够提出茶艺馆选址的基本要求。 ② 能够提出茶艺馆的设计建议。 ③ 能够提出茶艺馆装饰的不同特色	① 茶艺馆选址基本知识。 ② 茶艺馆设计基本知识
	(二)茶艺馆布置	① 能够根据茶艺馆的风格,布置陈列柜和服务台。 ② 能够主持茶艺馆的主题设计,布置不同风格的品茗室	① 茶艺馆布置风格基本知识。 ② 茶艺馆氛围营造基本知识
二、茶艺表演与茶会组织	(一)茶艺表演	① 能够担任仿古茶艺表演的主泡。 ② 能够掌握一种外国茶艺的表演。 ③ 能够熟练运用一门外语介绍茶艺。 ④ 能够策划组织茶艺表演活动	① 茶艺表演美学特征基本知识。 ② 茶艺表演器具配套基本知识。 ③ 茶艺表演动作内涵基本知识。 ④ 茶艺专用外语知识
	(二)茶会组织	能够设计、组织各类中、小型茶会	茶会基本知识

续表

职业功能及工作内容		技 能 要 求	相 关 知 识
三、管理与培训	（一）服务管理	① 能够编制茶艺服务程序。 ② 能够制定茶艺服务项目。 ③ 能够组织实施茶艺服务。 ④ 能够对茶艺师的服务工作进行检查。 ⑤ 能够对茶艺馆的茶叶、茶具进行质量检查。 ⑥ 能够正确处理顾客投诉	① 茶艺服务管理知识。 ② 有关法律知识
	（二）茶艺培训	能够制定并实施茶艺人员的培训计划和教案的编制方法	培训知识

3.5 高级茶艺技师

职业功能及工作内容		技 能 要 求	相 关 知 识
一、茶艺服务	（一）茶饮服务	① 能够根据顾客要求和经营需要设计茶饮。 ② 能够品评茶叶的等级	① 茶饮创新基本原理。 ② 茶叶品评基本知识
	（二）茶叶保健服务	① 能够掌握茶叶保健的主要技法。 ② 能够根据顾客的健康状况和疾病配置保健茶	茶叶保健基本知识
二、茶艺创新	（一）茶艺编创	① 能够根据需要编创不同茶艺表演，并达到茶艺美学要求。 ② 能够根据茶艺主题，配置新的茶具组合。 ③ 能够根据茶艺特色，选配新的茶艺音乐。 ④ 能够根据茶艺需要，安排新的服饰布景。 ⑤ 能够用文字阐释新编创的茶艺表演的文化内涵。 ⑥ 能够组织和训练茶艺表演队	① 茶艺表演编创基本原理。 ② 茶艺队组织训练基本知识
	（二）茶会创新	能够设计并组织大型茶会	大型茶会创意设计基本知识
三、管理与培训	（一）技术管理	① 能够制订茶艺馆经营管理计划。 ② 能够制订茶艺馆营销计划并组织实施。 ③ 能够进行成本核算，对茶饮合理定价	① 茶艺馆经营管理知识。 ② 茶艺馆营销基本法则。 ③ 茶艺馆成本核算知识
	（二）人员培训	① 能够独立主持茶艺培训工作并编写培训讲义。 ② 能够对初、中、高级茶艺师进行培训。 ③ 能够对茶艺技师进行指导	① 培训讲义的编写要求。 ② 技能培训教学法基本知识。 ③ 茶艺馆人员培训知识

附录 B

常用茶艺服务用语（汉英对照）

一、制茶术语

1. 茶树 Tea Bush
2. 采青 Tea Harvesting
3. 茶青 Tea Leaves
4. 萎凋 Withering
（1）日光萎凋 Sun Withering
（2）室内萎凋 Indoor Withering
（3）静置 Settling
（4）搅拌（浪青）Tossing
5. 发酵 Fermentation
6. 氧化 Oxidation
7. 杀青 Fixation
（1）蒸青 Steaming
（2）炒青 Stir Fixation
（3）烘青 Baking
（4）晒青 Sunning
8. 揉捻 Rolling
（1）轻揉 Light Rolling
（2）重揉 Heavy Rolling
（3）布揉 Cloth Rolling
9. 干燥 Drying
（1）炒干 Pan Firing
（2）烘干 Baking

（3）晒干 Sunning
10. 渥堆 Piling
11. 精制 Refining
（1）筛分 Screening
（2）剪切 Cutting
（3）拔梗 De-stemming
（4）整形 Shaping
（5）风选 Winnowing
（6）拼配 Blending
（7）紧压 Compressing
（8）覆火 Re-drying
（9）陈放 Aging
12. 加工 Added Process
（1）焙火 Roasting
（2）熏花 Scenting
（3）调味 Spicing
（4）饮料茶 Tea Beverage
13. 包装 Packaging
（1）真空包装 Vacuum Packaging
（2）充氮包装 Nitrogen Packs
（3）碎形小袋茶 Shredded-tea Bag
（4）原片小袋茶 Leave-tea Bag

二、常见茶名

1. 白毫乌龙 white Tipped Oolong
（1）东方美人 Oriental Beauty
（2）膨风茶 Boast Tea
（3）着延茶 Bitten Tea
（4）三色茶 Motley Tea
2. 玉露 Jade Dew
3. 煎茶 Green Blade
4. 黄山毛峰 Yellow Mountain Fuzz Tip
5. 龙井 Dragon Well
6. 碧螺春 Green Spiral
7. 珠茶 Gunpowder
8. 青沱 Age Bowl Puer
9. 青饼 Age Cake Puer
10. 熟饼 Pile Cake Puer
11. 君山银针 Jun Mountain Si1ver Needle
12. 白毫银针 White Tip Silver Needle
13. 白牡丹 White Peony
14. 寿眉 Long Brow
15. 武夷岩茶 Wuyi Rock Tea

16. 大红袍 Robe Tea
17. 肉桂茶 Cassia Tea
18. 水仙茶 Narcissus Tea
19. 佛手茶 Finger Citron Tea
20. 铁观音茶 Iron Mercy Goddess
21. 桂花乌龙茶 Osmanthus Oolong
22. 人参乌龙茶 Ginseng Oolong
23. 茉莉花茶 Jasmine Tea
24. 玫瑰绣球 Rose Bulb
25. 工夫红茶 Gongfu Black
26. 烟熏红茶 Smoke Black
27. 熟火乌龙 Roast Oolong
28. 清茶（包种茶）Light Oolong
29. 安吉白茶 Anji White Leaf
30. 六安瓜片 Liuan Leaf
31. 凤凰单丛 Fenghuang Unique Bush
32. 茶粉 Tea Powder
33. 抹茶 Fine Powder Tea

三、茶具名称

1. 茶壶 Tea Pot
2. 壶垫 Tea Dad
3. 茶船 Tea Plate
4. 茶盅 Tea Pitcher
5. 盖置 Lid Saucer
6. 奉茶盘 Tea Serving Tray
7. 茶杯 Tea Cup
8. 杯托 Cup Saucer
9. 茶巾盘 Tea Towel Tray
10. 茶荷 Tea Holder
11. 茶巾 Tea Towel
12. 茶拂 Tea Brush
13. 计时器 Timer

14. 煮水器 Water Heater
15. 水壶 Water Kettle
16. 煮水器底座 Heating Base
17. 茶车 Tea Cart
18. 坐垫 Seat Cushion
19. 杯套 Cup Cover
20. 包壶巾 Packing Wrap
21. 茶具袋 Tea ware Bag
22. 地衣 Ground Pad
23. 茶盘 Tea Ware Tray
24. 同心杯 Strainer Cup
25. 个人品茗组 Personal Tea Set
26. 水盂 Tea Basin

27．冲泡盅 Brewing Vessel

28．盖碗 Cove Red Bowl

29．渣匙 Tea Spoon

30．茶器 Tea Ware

31．热水瓶 Thermos

32．茶罐 Tea Canister

33．茶瓮 Tea Um

34．茶桌 Tea Table

35．侧柜 Side Table

36．茶筅 Tea Whisk

37．茶碗 Tea Bowl

38．有流茶碗 Spout Bowl

四、泡茶程序

1．备具 Prepare Tea Ware

2．从静态到动态 From Still To Ready

3．备水 Prepare Water

4．温壶 Warm Dot

5．备茶 Prepare Tea

6．识茶 Recognize Tea

7．赏茶 Appreciate Tea

8．温盅 Warm Pitcher

9．置茶 Put in Tea

10．闻香 Smell Fragrance

11．冲第一道茶 First Infusion

12．计时 Set Timer

13．烫杯 Warm Cups

14．倒茶 Pour Tea

15．备杯 Prepare Cups

16．分茶 Divide Tea

17．端杯奉茶 Serve Tea By Cups

18．冲第二道茶 Second Infusion

19．持盅奉茶 Serve Tea By Pitcher

20．茶食供应或品泉 Supply Snacks or Water

21．去渣 Take Out Brewed Leaves

22．赏叶底 Appreciate Leaves

23．涮壶 Rinse Pot

24．归位 Return To Seat

25．清盅 Rinse Pitcher

26．收杯 Collect Cups

27．结束 Conclude

五、常见茶馆用语

（一）茶艺 Tea Art

1．泡好一杯茶，要做到茶好，水好，火好，器好，这叫四合其美。

To prepare a good cup of tea, you need fine tea, good water，proper temperature and suitable tea sets. Each of these four elements is indispensable.

2．烧水时，一沸为蟹眼，二沸为鱼眼，三沸称作腾波鼓浪。

There are three stages when water is boiling. At the first stage，the bubbles look like crab eyes; at the second, the bubbles look like fish eyes; finally, they look like surging waves.

3．泡茶用的开水，一般以蟹眼已过鱼眼生时最好。

The water boiling between the crab eye stage and the fish eye stage is the best for preparing tea.

4．烧水要做到活火快煎。

We should use high to make water boiling quickly.

5．水老不理想。

The water that has been boiling for a long time is not good.

6．泡茶用的水，以天然的山泉水为上。

Natural mountain spring water is best for tea.

（二）绿茶 Green Tea

1．龙井茶以色绿、香郁、味醇、形美著称。

Longjing tea is famous for its green color, delicate aroma, mellow taste and beautiful shape.

2．龙井茶的外形特点是光、扁、平、直，色如翡翠。

The appearance of Longjing tea is characterized by smoothness，flatness，levelness，straightness and its jade-green color.

3．龙井茶和其他细嫩绿茶一般都只能冲泡2～3次。

Usually, Longjing tea and other kinds of tender green tea can be drawn for only two or three times.

4．品饮龙井茶时，先闻茶香，后观汤色和茶叶的形态，再尝茶汤滋味。

When you drink Longjing tea, it's better to enjoy the aroma first, then appreciate the liquor color and the moving of tea leaves in the glass and finally taste the liquor.

5．泡茶时，如果使用水的温度过高，会使茶叶泡熟，茶汤很快变黄。

If the water for making tea is too hot, tea leaves will be spoiled and tea liquor will turn to dark yellow very quickly.

6．泡茶时，如果使用水的温度过低，茶汁不易浸出，还会使茶叶浮出汤面。

If the water is not hot enough, tea will be not easy to infuse and the leaves will float on the surface of the water.

7．用玻璃杯泡茶时，可以欣赏到嫩芽乘叶飘动沉浮的美丽动态。

When we make tea in a glass, we can appreciate the beautiful dancing of the tender tea leaves and buds.

8．用盖碗或瓷杯冲泡细嫩茶时，不加杯盖为宜。

It's better not to cover the tea cups when we make tea with tender leaves.

9．冲泡普通绿茶可选用加盖的杯子。

Usually, we can use a tea cup with lid for preparing ordinary green tea.

（三）茉莉花茶 Jasmine Tea

1．花茶的特点是既有茶的滋味，又有花的香气，特别为北方茶人喜爱。

Jasmine tea is characterized by tea flavor as well as the fragrance of jasmine flowers. It is popular among tea lovers in the north of China.

2．花茶以花香鲜灵持久，茶味醇厚回甘为上品。

Top-grade Jasmine tea always has enduring fragrance and unforgettable after taste.

3．花茶是由含苞待放的鲜花与茶坯混合窨制而成。

Jasmine tea is made through scenting tea with fresh flower buds.

4．窨制花茶的茶坯以烘青绿茶为主，常见的为茉莉花茶。

Baked green tea mainly selected for jasmine tea scenting, jasmine tea is the most popular flower-scented tea.

5．品饮花茶，主要是欣赏香味。

To enjoy jasmine tea is to enjoy its fragrance.

6．花茶一般采用有盖瓷杯和盖碗冲泡，以利保香。

Jasmine tea is usually prepared in a covered porcelain cup or other kinds of cups with lid in order to keep its aroma.

7．饮花茶时，除闻茶汤香气外，还可闻杯的盖香。

When enjoying Jasmine tea, one can smell not only the fragrance of the tea liquor but also the fragrance on the lid.

（四）乌龙茶　Oolong tea

1．乌龙茶属半发酵茶，有绿叶红镶边之称。

Oolong tea is a kind of semi-fermented tea. People describe it as "green leaves with the red edges".

2．乌龙茶既有绿茶的清香，又有红茶的甘醇。

Oolong tea has both the delicate fragrance of green tea and the sweetness and mellowness of black tea.

3．凤凰水仙品质特点是条索挺直、肥大、有天然花香，耐冲泡。

"Phoenix Narcissus" Oolong tea is characterized by its straight and plump leaves and natural flower aroma. The tea can endure repeated infusions.

4．冲泡乌龙茶的茶具除辅助器具外，主要的有烧水壶、茶壶、茶杯和茶船。

Besides some supplementary tea wares, the main tools used to prepare Oolong tea are kettle, teapot, teacup and tea pitcher.

5．用台湾方法冲泡乌龙茶时，增加闻香杯和公道杯。

To make Oolong tea in Taiwan style, we need two more tools: a cup for smelling fragrance and a gongdao mug (or a fair for everybody mug).

6．冲泡茶时，要做到高冲低斟。高冲使茶在水中翻滚，促使茶汁尽快溶于茶汤；低斟是为了茶香不易散失，茶汤不会外溅。

When pouring water, hold me kettle high, so the down-pouring water can make tea leaves stirring in the pot and speed up the process of dissolving, and keep the teapot close to the tea cup in order to prevent the loss of tea fragrance and the splashing of tea water.

7．公道杯的作用，是使乌龙茶汤的浓度性、香气、色泽达到一致，公平待人。

The fair mug ensures that every guest can drink the. Oolong tea with same concentration, same aroma and same color. So it is fair to everybody.

8．第一泡为洗茶，不饮用的。

The first infusion is for washing the tea leaves and it's not for drinking.

9．第二泡称之为正泡。

The second infusion is called actual infusion.

10．上品的乌龙茶喝过之后，口腔有无穷余韵的感觉。

Top-grade Oolong tea will bring a marvelous and enduring after taste into your mouth.

11．好的铁观音滋味醇厚，喝过之后回甘持久。

Tie Guanyin of high quality，taste mellow and the sweet after taste lasts long.

12．上等冻顶乌龙啜过之后，鼻口生香，舌有余甘。

A sip of high quality Dongding Oolong will bring aroma to your mouth and nose，and sweetness to your tongue.

13．把茶壶中的茶汤来回分别注入各个饮杯中，称为关公巡城。

Your pour tea into the guests teacups one by one and this act has a nickname, that is, "the fabled Lord Guan making an inspection of the city".

14．把茶壶中最后残留的茶汤分别一一滴入杯中，称为韩信点兵。

You drip the leftover tea respectively into the cups drop by drop and this act is called "The fabled General Han Xin mustering troops for inspection".

"2015 年全国职业院校技能大赛" 高职组 "中华茶艺" 赛项规程

一、赛项名称

赛项编号：YG-065

赛项名称：中华茶艺

英语翻译：Tea Ceremony Skills Competition

赛项组别：高职

赛项归属产业：农林牧渔大类

二、竞赛目的

倡导"茶为国饮"，弘扬中华博大精深的茶文化，将"绿色、健康、和谐"的茶文化精神融入职业教育人才培养中，引导中华茶艺向科学、健康的方向发展。提升高职院校学生的综合素质、团队合作精神，展示高职学生的创新能力；通过技能竞赛，积极推进高职院校与企业深入合作，探索培养茶艺高技能人才的新途径和新方法。

三、竞赛内容

竞赛分指定茶艺竞技、创新茶艺竞技、品饮茶艺竞技、茶席创新竞技 4 个环节。竞赛项目的命题结合茶艺师职业岗位的技能需求，并参照《茶艺师国家职业标准》（高级（国家职业资格三级）、技师（国家职业资格二级））中相关标准制定。

（一）指定茶艺竞技（占总成绩的 30%）

选手按照赛前抽签决定表演某一茶类的指定茶艺（绿茶指定茶艺竞技或红茶指定茶艺竞技或乌龙茶指定茶艺竞技），绿茶定茶指艺为玻璃杯泡绿茶技法；红茶指定茶艺为盖碗泡红茶技法；乌龙茶指定茶艺为双杯泡乌龙茶技法。

1）绿茶指定茶艺竞技步骤：备具→备水→布具→赏茶→润杯→置茶→浸润泡→摇香→冲泡→奉茶（奉3杯）→收具。

2）红茶指定茶艺竞技步骤：备具→备水→布具→赏茶→温盖碗→温盅及品茗杯→置茶→浸润泡→摇香→冲泡→倒茶分茶→奉茶（奉3杯）→收具。

3）乌龙茶指定茶艺竞技步骤：备具→备水→布具→赏茶→温壶→置茶→温润泡（弃水）→壶中续水冲泡→温品茗杯及闻香杯→倒茶分茶（关公巡城、韩信点兵）→奉茶（奉3杯）→收具。

赛前5分钟自行备水、布具（不计于比赛时间内），比赛统一茶样、统一器具、统一主题、统一音乐（平湖秋月古筝版）、统一时间。比赛服装不统一，建议女生选手着浅色旗袍，男生选手着深色长袍。比赛时间不少于7分钟，不超过13分钟，占总成绩的30%。

（二）创新茶艺竞技（占总成绩的35%）

创新茶艺竞技，参赛选手自选茶艺，设定主题、茶席，将解说、表演、泡茶融入其中，创作背景音乐、茶具、茶叶、服装、桌布等有关参赛用品选手赛前自备，竞赛时可邀请0～2名助演人员共同完成比赛（助演人员须为该参赛院校在校生，检录时须提供学生证、身份证核对身份信息），比赛时间不少于10分钟，不超过15分钟（民族茶艺、宗教茶道等可适当延长至20分钟，需提前报备大赛组委会），创新茶艺表演成绩占总成绩的35%。

（三）品饮茶艺竞技（占总成绩的25%，包括现场书面答题2.5%）

品饮茶艺竞技，参赛选手根据赛前抽签确定冲泡品饮的茶类和比赛主题，在规定时间内（10分钟）于候考区内选择要用的茶具、背景、音乐等素材，每位选手都要进行黑茶（茯砖）茶样处理（撬茶），并完成理论作答（书面答题）。

进入比赛场地后根据选用茶具布席（布席时间4分钟），营造品茗环境与氛围，从参赛选手的仪表仪容、茶席布置、冲泡品饮技法、茶汤质量等方面展示真实品饮生活；每位参赛选手根据所选茶类、主题、茶具冲泡2次，每次冲泡5杯，其中4杯分别奉给4名裁判，第5杯自品，每冲泡一次请在答卷上书面描述该泡茶汤的色、香、味，2次冲泡结束后根据2次冲泡情况进行总结性的书面描述；所有器具及茶叶均由举办方提供，参赛服装自备，以休闲生活服饰为宜，比赛时间不少于10分钟，不超过13分钟，品饮茶艺竞技成绩占总成绩的25%。

选手现场书面理论作答涉及泡茶技艺有关的中华茶文化历史、茶叶种类、茶叶审评、泡茶基本要素、茶艺与音乐、少数民族饮茶风俗等茶艺理论知识5道客观问题，占总成绩的2.5%。

（四）茶席创新竞技（占总成绩的 10%）

茶席创新竞技，参赛选手于赛前 10 天将电子版的茶席设计作品提交赛项执委会指定邮箱（zhonghuachayi2015@163.com），电子版茶席作品包括：茶席全景照片 1 张（JPG 格式）、茶席展示视频 15～20s（含背景及音乐，MP4 格式）、茶席设计文案简介 1 份（doc 或 docx 格式）、背景音乐源文件（MP3 格式），该部分占总成绩 4%，其中茶席设计文案简介，包括茶席标题、主题阐述、器物配置组成、色彩色调搭配、背景配饰音乐等说明，占总成绩 2%；竞赛时，选手按照赛前提交的茶席设计作品，在规定时间内（不超过 10 分钟）独立完成茶席布置，茶具、茶叶、桌布等有关参赛用品选手赛前自备，该部分占总成绩 6%。

四、竞赛方式

1）本赛项为个人赛。

2）以省为单位参赛，每省每类茶（绿茶、红茶、乌龙茶）参赛人数原则上不超过 2 人，且同一参赛院校参赛选手不超过 2 人，每名选手限报 1 名指导教师，指导教师须为本校专兼职教师。参赛选手经组委会确认后原则上不得变更。

3）全部比赛项目 2 天内完成。指定茶艺环节抽签决定比赛茶类和顺序，现场完成操作后，评委当场打分；创新茶艺环节抽签决定比赛组别和顺序，由参赛选手和助演（0～2 人）共同合作完成，评委当场给出评分；品饮茶艺环节抽签决定比赛茶类和主题，选择好比赛用品等器具素材后，每位选手都要对黑茶（茯砖）进行茶样处理（撬茶），裁判进行考核，并在备考区书面完成抽答理论题，营造品茗环境与氛围，完成 3 次冲泡，并就茶汤的色、香、味进行评价性描述，评委当场给出评分；茶席创新竞技参赛选手于赛前 10 天提交电子版的茶席设计作品（茶席全景照片 1 张、茶席展示视频 15～20s、茶席设计文案简介 1 份、背景音乐源文件）到赛项执委会指定地方，并在规定时间内完成茶席布置，组委会将组织 B 组评委（由赛项统一裁判和社会观摩院校及企事业单位茶艺技师组成）当场打分。

4）本次比赛充分调动赛项设计团队中行业企业成员的各类资源，通过邀请函发送、大赛宣传资料寄送、大赛网站宣传、以协会和研究会名义邀请等多种形式联系港澳台、韩国等地的相关院校和协会组织组成代表队参加比赛，参与形式可以是组队参赛、参观交流、现场布展、特色表演、茶艺研讨等，以期扩大竞赛影响，加强境内外茶艺交流与合作。

五、竞赛流程

比赛时间：2015 年 6 月上旬举行，比赛时间 2 天。

竞赛日程表

日期	时间	内容	备注
报到	10:00～14:00	报到	
	15:00～16:15	选手熟悉场地，指导教师参观场地	分批次
	16:15～17:30	领队会议	抽签
第一日	8:20～11:00	指定茶艺竞技，茶席创新竞技	分批比赛
	9:00～10:30	特色体验活动（茶席创新竞技）	—
	12:30～18:00	创新茶艺竞技	分组分批比赛
		品饮茶艺竞技	分组分批比赛
第二日	7:30～18:00	创新茶艺竞技	分组分批比赛
		品饮茶艺竞技	分组分批比赛
闭幕	9:00	闭幕式	

竞赛批次时间表（以 90 名参赛选手为例）

比赛日期	比赛环节	时间	赛程任务安排 A 组	赛程任务安排 B 组
报到日	拷贝音乐	15:30～16:30	创新茶艺竞技 A 组 拷贝影音素材	创新茶艺竞技 B 组 拷贝影音素材
第一日	指定茶艺竞技	8:20～8:50	指定茶艺竞技 A 组抽签	指定茶艺竞技 B 组抽签
		9:00～9:30	指定茶艺竞技 A 组 （A 组第一批：A1～A15）	指定茶艺竞技 B 组 （B 组第一批：B1～B15）
		9:30～10:00	指定茶艺竞技 A 组 （A 组第二批：A16～A30）	指定茶艺竞技 B 组 （B 组第二批：B16～B30）
		10:00～10:30	指定茶艺竞技 A 组 （A 组第三批：A31～A45）	指定茶艺竞技 B 组 （B 组第三批：B31～B45）
	茶席创新竞技	9:15～9:30	茶席创新竞技 A 组 （A 组第三批：A31～A45）	茶席创新竞技 B 组 （B 组第三批：B31～B45）
		9:45～10:00	茶席创新竞技 A 组 （A 组第一批：A1～A15）	茶席创新竞技 B 组 （B 组第一批：B1～B15）
		10:15～10:30	茶席创新竞技 A 组 （A 组第二批：A16～A30）	茶席创新竞技 B 组 （B 组第二批：B16～B30）

比赛日期	比赛环节	时间	赛程任务安排 A 组	赛程任务安排 B 组
第一日	特色体验展示	9:30～11:00	特色体验展示	特色体验展示
	创新茶艺竞技	12:10～12:30	创新茶艺竞技 A 组第一批、第二批（A1～A16）检录、抽签	创新茶艺竞技 B 组第一批、第二批（B1～B16）检录、抽签
		12:30～18:00	创新茶艺竞技 A 组第一批、第二批（A1～A16）比赛	创新茶艺竞技 B 组第一批、第二批（B1～B16）比赛
	品饮茶艺竞技	12:10～12:30	品饮茶艺竞技 A 组第三批、第四批（A17～A32）检录、抽签	品饮茶艺竞技 B 组第三批、第四批（B17～B32）检录、抽签
		12:30～18:00	品饮茶艺竞技 A 组第三批、第四批（A17～A32）比赛	品饮茶艺竞技 B 组第三批、第四批（B17～B32）比赛
第二日	创新茶艺竞技	7:40～8:00	创新茶艺竞技 A 组第三批、第四批（A17～A32）检录、抽签	创新茶艺竞技 B 组第三批、第四批（B17～B32）检录、抽签
		8:00～12:30	创新茶艺竞技 A 组第三批、第四批（A17～A32）比赛	创新茶艺竞技 B 组第三批、第四批（B17～B32）比赛
	品饮茶艺竞技	7:40～8:00	品饮茶艺竞技 A 组第五批、第六批（A33～A45）检录、抽签	品饮茶艺竞技 B 组第五批、第六批（B33～B45）检录、抽签
		8:00～12:30	品饮茶艺竞技 A 组第五批、第六批（A33～A45）比赛	品饮茶艺竞技 B 组第五批、第六批（B33～B45）比赛
	创新茶艺竞技	13:10～13:30	创新茶艺竞技 A 组第五批、第六批（A33～A45）检录、抽签	创新茶艺竞技 B 组第五批、第六批（B33～B45）检录、抽签
		13:30～18:00	创新茶艺竞技 A 组第五批、第六批（A33～A45）比赛	创新茶艺竞技 B 组第五批、第六批（B33～B45）比赛
	品饮茶艺竞技	13:10～13:30	品饮茶艺竞技 A 组第一批、第二批（A1～A16）检录、抽签	品饮茶艺竞技 B 组第一批、第二批（B1～B16）检录、抽签
		13:30～18:00	品饮茶艺竞技 A 组第一批、第二批（A1～A16）检录、抽签	品饮茶艺竞技 B 组第一批、第二批（B1～B16）检录、抽签

六、竞赛试题

本赛项是公开赛题，个人参赛。共分指定茶艺竞技、创新茶艺竞技、品饮茶艺竞技、茶席创新竞技 4 个环节。

（一）指定茶艺竞技环节（占总成绩的 30%）

选手按照随机抽取的茶类竞技进行比赛如指定绿茶茶艺竞技，用玻璃杯冲泡西湖龙井、统一茶样、统一器具、统一主题、统一音乐、统一时间，评委从茶汤质量、茶艺演示、仪容仪表、礼仪、茶席布置、时间几方面进行评比。

（二）创新茶艺竞技（占总成绩的 35%）

参赛选手自选茶艺，设定主题、茶席，将解说、表演、泡茶融入其中，创作背景音乐、茶具、茶叶、服装、桌布等有关参赛用品选手赛前自备，竞赛时可邀请 0～2 名助演人员共同完成比赛，评委从创新性、茶汤质量、茶艺演示、茶水具配置、解说、时间几方面进行评比。

（三）品饮茶艺竞技（占总成绩的 25% 包括现场书面答题 2.5%）

参赛选手根据赛前抽签确定冲泡品饮的茶类和比赛主题，在规定时间内（10 分钟）于候考区内选择要用的茶具、背景、音乐等素材，每位选手都要对黑茶（茯砖）进行茶样处理（撬茶），最后完成理论作答（书面答题）。

进入比赛场地后根据选用茶具布席（布席时间 4 分钟），营造品茗环境与氛围，从参赛选手的仪表仪容、茶席布置、冲泡品饮技法、茶汤质量等方面展示真实品饮生活；每位参赛选手根据所选茶类、主题、茶具冲泡 2 次，每次冲泡 5 杯，其中 4 杯分别奉给 4 名裁判，第 5 杯自品，每冲泡一次请在答卷上书面描述该泡茶汤的色、香、味，2 次冲泡结束后根据 2 次冲泡情况进行总结性的书面描述；所有器具均有举办方提供，参赛服装以休闲生活服饰为宜。

（四）茶席创新竞技（占总成绩的 10%）

茶席创新竞技，参赛选手于赛前 10 天将电子版的茶席设计作品提交到赛项执委会指定的地方，电子版茶席作品包括：茶席全景照片 1 张（JPG 格式）、茶席展示视频 15-20s（含背景及音乐，MP4 格式）、茶席设计文案简介 1 份（doc 或 docx 格式）、背景音乐源文件 1 份（MP3 格式），该部分占总成绩 4%；其中茶席设计文案简介，包括茶席标题、主题阐述、器物配置组成、色彩色调搭配、背景配饰音乐等说明，占总成绩 2%；竞赛时选手按照赛前提交的茶席全景照片及设计文案，在规定时间内（不超过 10 分钟）独立完成个茶席布置，茶具、茶叶、桌布等有关参赛用品选手赛前自备，该部分占总成绩 6%。

七、竞赛规则

1）指定茶艺竞技比赛中的茶叶、茶具、水、音乐由组委会提供，服装自备；创新茶艺竞技的服装、茶具、茶叶、背景音乐、茶席设计所需用品选手赛前自备；品饮茶艺竞技比赛中的茶叶、茶具、水、音乐由组委会提供，服装自备；茶席创新竞技的茶具、茶叶、背景音乐、茶席设计所需用品选手赛前自备；茶席创新竞技提交的电子版茶席设计作品包括：茶席全景照片 1 张（JPG 格式）、茶席展示视频 15～20s（含背景及音乐，MP4 格式）、茶席设计文案简介 1 份（doc 或 docx 格式）、背景音乐源文件（MP3 格式），作品内容不能包括企业广告性内容，也不得透露参赛学校、参赛选手相关信息。

2）参赛团队中每位成员凭参赛证进入赛场。报名者必须符合参赛资格，不得弄虚作假。在资格审查中一旦发现问题，将取消其报名资格；在竞赛过程中发现问题，将取消其竞赛资格；在竞赛后发现问题，将取消其竞赛成绩，收回获奖证书。

3）领队会议上组织领队抽取"参赛编号"，确定参赛组别（A/B 组）和各比赛环节的批次（比赛时间）、同时抽签确定参赛选手参加指定茶艺竞技的茶类、品饮茶艺竞技的茶类和主题；各比赛环节前参赛选手凭"参赛编号"分别抽取指定茶艺竞技的"赛位号"、创新茶艺竞技的参赛顺序（"赛号"）、品饮茶艺竞技的参赛顺序（"赛号"）、茶席创新竞技的"赛位号"。

4）参赛选手提前 30 分钟到达比赛现场报到，比赛开始后不得入场参加比赛，报到时应持本人身份证和学生证，佩戴大赛组委会签发的参赛证、胸牌。只有等比赛正式开始后，方可进行操作。

5）比赛期间，参赛选手必须严格遵守赛场纪律，除携带竞赛所需自备用具外，其他一律不得带入竞赛现场，不得在赛场内大声喧哗，不得作弊或弄虚作假；同时，必须严格遵守操作规程，确保设备和人身安全，并接受裁判员的监督和警示。若因选手因素造成设备故障或损坏，无法进行比赛，裁判长有权终止该队比赛；若因非选手个人因素造成设备故障的，由裁判长视具体情况做出裁决。

6）比赛终止后，不得再进行任何与比赛有关的操作。选手在竞赛过程中不得擅自离开赛场，如有特殊情况，需经裁判人员同意后作特殊处理。

7）参赛选手应遵守竞赛规则，遵守赛场纪律，服从大赛组委会的指挥和安排，爱护竞赛场地的设备和器材。

8）赛前一天，各领队和选手组织参观设备场地。

八、竞赛环境

本次竞赛在指定比赛赛场进行，比赛地点按四个环节（指定茶艺竞技、创新茶艺竞技、品饮茶艺竞技、茶席创新竞技）分别在浙江经贸职业技术学院体育馆、学生活动中心、图书馆和爱心湖畔举行。

1）各比赛场地环境照明、控温良好，能提供稳定的水、电，并备有供电应急设备和消防设备。

2）每个环节考核场地面积约为 200~300m^2，场地内设有相对独立的茶艺台/凳，每个茶艺台按照竞赛环节要求分为不同展示区，每个展示区标明编号。比赛时每队选手占用一个展示区作为比赛用台，其使用面积为 4~5m^2，比赛场地设有音响设备、投影设备、热水瓶，供选手使用。

3）在竞赛不被干扰的前提下赛场全面开放，欢迎各界人士沿指定路线、在指定区域内现场观赛。

九、技术规范

竞赛项目的命题结合茶艺师职业岗位的技能需求，并参照《茶艺师国家职业标准》（高级（国家职业资格三级）、技师（国家职业资格二级））中相关标准制定。

（一）比赛知识点

1）茶文化基本知识：①中国用茶的源流；②饮茶方法的演变；③茶文化的精神；④中外饮茶风俗。

2）茶叶知识：①茶树基本知识；②茶叶种类；③名茶及其产地；④茶叶品质鉴别知识；⑤茶叶保管方法。

3）茶具知识：①茶具的种类及产地；②瓷器茶具；③紫砂茶具；④其他茶具。

4）品茗用水知识：①品茶与用水的关系；②品茗用水的分类；③品茗用水的选择方法。

5）茶艺基本知识：①品饮要义；②冲泡技巧；③茶席布置；④茶艺礼仪。

6）科学饮茶：①茶叶主要成分；②科学饮茶常识。

7）食品与茶叶营养卫生：①食品与茶叶卫生基础知识；②饮食业食品卫生制度。

（二）比赛技能点及要求

竞赛内容	技能点要求	相关知识
茶艺准备	①能够介绍主要名优茶产地及品质特征； ②能够介绍主要瓷器茶具的款式及特点； ③能够介绍紫砂壶主要制作名家及其特色； ④能够正确选用少数民族茶饮的器具、服饰； ⑤能够准备饮茶的器物	①茶叶品质知识； ②茶叶产地知识
茶艺演示	①能够掌握各地风味茶饮和少数民族茶饮的操作（3 种以上）； ②能够独立组织茶艺表演并介绍其文化内涵； ③能够配制调饮茶（3 种以上）	①茶艺表演美学特征知识美学、礼仪、传统文化； ②地方风味茶饮和少数民族茶饮基本知识

十、技术平台

（一）竞赛项目所用主要设备清单

分类	茶具名称	规格	单套数量
桌椅	茶艺台、凳 （指定茶艺、茶席创新）	茶艺桌：高 750×长 1200×宽 600（mm）； 茶艺凳：高 440mm	1
	茶艺表演台 （创新茶艺、品饮茶艺）	茶艺桌：高 750×长 1350×宽 650（mm）； 茶艺凳：高 440mm	1

续表

分类	茶具名称	规格	单套数量
绿茶指定茶艺：玻璃杯泡西湖龙井茶技法	竹盘	42cm×30cm	1
	茶杯	规格：200ml；高度：8.0 cm；直径：6.5 cm	3
	白瓷茶荷	10.4cm×8cm	1
	茶托	直径：11.2cm	3
	玻璃茶壶	规格：1.2L；高度：13cm；直径：13cm	1
	水碗	最大处直径：12.0cm	1
	茶巾	30cm×30cm	1
	玻璃茶叶罐	规格：375ml；高度：12cm；直径：7.8cm	1
	竹色茶道组	15cm×4.5cm	1
	桌布	2.0m×1.6m	1
	奉茶盘	32.6cm×21.4cm	1
红茶指定茶艺：盖碗泡九曲红梅茶技法	竹席	炭化色 30cm×45cm	1
	小品茗杯	高度：3.3cm 宽度：5.5cm	3
	茶叶罐	高度：9.7cm 宽度：6.4cm	1
	白瓷茶荷	10.4cm×8cm	1
	滤网	高度：3.9cm 宽度：7.1cm	1
	公道杯	高度：5.2 cm 宽度：12 cm	1
	盖碗	容量：110ml 高度：4.8 cm 最大宽处宽度：8.7cm	1
	杯托	长宽6.3cm	3
	黑色提梁壶	容量：800ml 高度：20cm 宽度：14cm	1
	黑陶水碗	口直径：13.5cm 底直径：7.0cm 高度：5.0cm	1
	茶巾	30cm×30cm	1
	茶道组	高度：16.3cm 直径：5.1cm	1
	桌布	2m×1.6m	1
	奉茶盘	32.6cm×21.4 cm	1
乌龙茶指定茶艺：双杯泡金观音茶技法	双层茶盘	46cm×29cm	1
	黑色提梁壶	容量：800ml 高度：20cm 宽度：14cm	1
	紫砂品茗杯	高度：2.5cm 宽度：4.8cm	4
	紫砂闻香杯	高度：5cm 直径：3.2cm	4
	杯托	长度：10.5cm 宽度：5.5cm	4

续表

分类	茶具名称	规格	单套数量
乌龙茶指定茶艺：双杯泡金观音茶技法	紫砂壶	容量：150ml	1
	茶叶罐	高度：11cm 直径：6cm	1
	白瓷茶荷	10.4cm×8cm	1
	茶道组	高度：16.3cm 直径：5.1cm	1
	茶巾	30cm×30cm	1
	奉茶盘	33cm×22 cm	1
	桌布	2m×1.6m	

注：①表中所列为每队选手使用设备清单；②品饮茶艺竞技环节茶具尺寸规格与指定茶艺相同，只是色彩、材质略有差异。

（二）竞赛项目所用主要茶叶清单

序号	名称	规格	数量	备注	序号	名称	规格	数量	备注
1	绿茶	一级	5kg	同指定茶艺	4	茯砖	一级	5kg	
2	红茶	一级	5kg	同指定茶艺	5	白茶	一级	5kg	
3	乌龙茶	一级	5kg	同指定茶艺	6	黄茶	一级	5kg	

注：各表中所列为每位选手使用设备清单。

十一、成绩评定

（一）评分标准

1. 指定茶艺竞技评分标准

序号	项目	分值/%	要求和评分标准	扣分点
1	礼仪、仪表、仪容（25分）	5	发型、服饰与茶艺表演类型相协调	穿无袖扣2分；发型突兀扣1分；服饰与茶艺明显不协调扣2分
		10	形象自然、得体，高雅，表演中身体语言得当，表情自然，具有亲和力	头发乱扣1分；视线不集中、低视或仰视扣2分；神态木讷呆平淡，无交流扣2分；表情不镇定、眼神慌乱扣2分；妆容不当扣2分；其他不规范因素扣分
		10	动作、手势、站立姿势端正大方	抹指甲油扣2分；未行礼扣2分；坐姿脚分开扣1分；手势中有明显多余动作扣2分；姿态摇摆扣1分；其他不规范因素扣分
2	茶席布置（5分）	5	茶器具布置与排列有序、合理	茶具配套不齐全或有多余的茶具扣2分；茶具排列杂乱、不整齐扣2分；茶具取用后未能复位扣1分

续表

序号	项目	分值/%	要求和评分标准	扣分点
3	茶艺表演 （45分）	15	冲泡程序契合茶理，投茶量适用，冲水量及时间把握合理	泡茶顺序颠倒或遗漏一处扣5分，两处及以上扣9～10分；茶叶用量及水量不均衡不一致扣3分；茶叶掉落扣2分；其他不规范因素扣分
		16	操作动作适度，手法连绵、轻柔，顺畅，过程完整	动作不连贯扣3分；操作过程中水洒出来扣3分；杯具翻倒扣5分；器具碰撞发出声音扣2分；其他不规范因素扣分
		10	奉茶姿态及姿势自然、大方得体	奉茶时将奉茶盘放置茶桌上扣2分；未行伸掌礼扣2分；脚步混乱扣2分；不注重礼貌用语扣2分；其他不规范因素扣分
		4	收具	收具不规范扣2分；收具动作仓促，出现失误，扣2分
4	茶汤质量 （20分）	12	茶的色、香、味、形表达充分	每一项表达不充分扣2分；汤色差异明显扣2分；水温不适宜扣2分；其他不规范因素扣分
		8	茶水比适量，用水量一致	三杯茶汤水位不一致扣2分；茶水比不合适扣2分；茶汤过量或过少扣2分；其他不规范因素扣分
5	时间 （5分）	5	在7～13分钟内完成茶艺表演	超时在1分钟内扣2分；超时在1～2分钟内扣3分；超时2分钟以上扣5分；时间不足相应扣分

2. 创新茶艺竞技评分标准

序号	项目	分值/%	要求和评分标准	扣分点	细则
1	创新 （25分）	10	主题立意新颖，有原创性；意境高雅、深远	主题立意不够新颖，没有原创性扣4分；有原创性，但缺乏文化内涵，扣3分；意境欠高雅，缺乏深刻寓意扣3分	优秀：立意新颖，有原创性；意境高雅、深远，符合社会发展的主旋律，传播积极向上主基调。（9～10分） 良好：有创意性；意境好，传播正面积极精神。（7.5～8.9分）
		10	场地、备具布置茶席设置有创新，与主题吻合	缺乏新意，扣2～3分；与主题不吻合扣2～3分；插花、挂画等背景布置缺乏创意扣3分；场地布置缺乏美感、凌乱扣3分	优秀：立意新颖，具有舞台效果的艺术性，充分利用场地烘托主题。（9～10分） 良好：立意新颖，有舞台客观性，能清楚表达主题。（7.5～8.9分）
		5	泡茶手法、音乐、服饰有新意，且符合主题，符合茶文化的基本理念	泡茶手法平淡无新意扣2分；音乐、服饰无新意扣1分；音乐、服饰有新意，但与主题不相符扣2分	优秀：泡茶手法突破传统，更能泡出茶的品质特征，音乐烘托主题，音乐和服饰有较强的艺术感染力。（4.5～5分） 良好：泡茶手法突破传统，更能泡出茶的品质特征，有衬托主题的音乐和服饰。（3.8～4.4分）

续表

序号	项目	分值/%	要求和评分标准	扣分点	细则
2	茶艺表演（30分）	12	布景、音乐、服饰及茶具协调，表演具有较强艺术感染力，且茶艺动作及茶具布置具有美感，有实用性	布景、服饰及茶具等色调、风格不协调扣3分；布景、服饰、音乐与主题不协调扣3分；表演缺乏艺术感染力扣2分；表演艺术感染力不强扣1分；茶具或茶艺表演无实用性扣2分；整体表演（器、人、境）欠协调2分	优秀：布景，音乐，服饰及茶具协调，具有艺术性，符合茶理，有实用性。（10.8～12分）良好：布景、音乐、服饰及茶具有一定的协调性，符合茶理。（9～10.7分）
		15	动作适度、手法连绵、轻柔，冲泡程序合理，过程完整、流畅	动作不连贯扣2分；操作过程水洒出来扣2分。杯具翻到扣2分；冲泡程序有明显错误扣3分。表演技艺平淡缺乏表情扣2分；表演选手间协作无序主次不分扣3分；投茶方式不准确扣1分	
		3	奉茶姿态、姿势自然，言辞恰当	奉茶时姿态不端正扣1分；未行伸掌礼扣1分；不注重礼貌用语扣1分	
3	茶汤质量（25分）	15	茶汤色、香、味表达充分	未能充分表达出茶色、香、味扣9分；仅能表达出茶色、香、味其一者扣6分；能表达出茶色、香、味其二者扣3分；其他不规范因素扣分	
		10	茶汤适量，温度适宜	茶汤过量或过少扣2分；茶汤温度不适宜扣2分；茶汤浓度过浓或过淡扣2分；其他不规范因素扣分	
4	解说（15分）	15	有创意，讲解口齿清晰婉转，能引导和启发观众对茶艺的理解，给人以美的享受	解说词缺乏创意、立意欠深远扣3分；解说词无法引导理解茶艺扣3分；讲解不脱稿扣3分；讲解口齿不清晰扣3分；讲解欠艺术表达力扣3分	
5	时间（5分）	5	在10～15分钟内完成茶艺表演	表演时间超1分钟之内，扣1分，超1～2分钟扣3分，超2分钟扣5分；表演时间少于8分钟扣5分，时间为8～9分钟扣2分，时间为9～10分钟扣1分	

3.品饮茶艺竞技评分标准

序号	项目	分值	要求和评分标准	扣分点
1	仪容、仪表、礼仪（15分）	6	形象自然得体，具有亲和力	妆容不当扣2分；神态木讷或过多交流扣2分；表情不自然或缺乏亲和力扣2分
		6	仪态端正，优雅大方	未行礼扣1分；姿态不端正扣2分；手势夸张、做作或生硬扣2分；其他不规范因素扣1分
		3	奉茶姿势自然，大方得体	奉茶未行伸掌礼扣1分；不注重礼貌用语扣1分；品饮姿势不规范扣1分

序号	项目	分值	要求和评分标准	扣分点
2	品饮环境、营造（18分）	9	茶具选配合理，位置摆放正确	茶具材质选配欠合理扣1分；茶具材质选配不合理扣3分；茶具色系选配欠缺当扣1分；茶具色系选配不恰当扣3分；茶具摆放杂乱扣2分；少选或多选茶具扣1分
		9	品饮氛围适宜	环境音乐不协调扣1分；茶席背景与主题不和谐扣2分；茶席整体色彩搭配欠合理扣1分；茶席整体色彩搭配不合理2分；其他不合理因素扣1分；品饮主题无介绍或介绍不当扣2分
3	冲泡操作规范（21分）	14	程序契合茶理，冲泡要素把握恰当	泡茶顺序颠倒或遗漏一处扣2分，两处及以上扣5分；冲泡水温不适宜扣2分；茶叶掉落在外面扣1分；投茶量过多、过少或不均衡扣1分；冲泡时间不到位扣2分；茶样处理不规范扣1分
		5	冲泡手法娴熟自然	冲泡过程不连贯扣2分；水洒出茶具外扣1分；茶器具翻倒扣或多次碰出声音扣1分；其他不规范操作扣1分
		2	收具规范，有条理	收具缺乏条理扣1分；收具有遗漏扣1分
4	茶汤品饮质量（25分）	16	茶汤色、香、味表达充分	两道茶汤色泽表达不充分或差异明显扣2分；两道茶香气呈现不充分扣2分；两道茶汤滋味表达不充分或差异明显扣2分
		9	茶汤适量、温度适宜	奉茶量差异明显，过量或少各扣2分；茶汤温度不适宜扣3分；冲泡后茶汤量过多或过少扣2分
5	选手自我品鉴（6分）	4	每道茶品鉴合理	第一道茶色、香、味主评语不准确，每个指标扣0.5分，全部不准确扣2分；第二道茶色、香、味主评语不准确，每个指标扣0.5分，全部不准确扣2分
		2	综合品鉴恰当	茶色、香、味综合主评语不准确，每个指标扣0.5分，全部不准确扣2分
6	竞技时间控制（5分）	5	在10～13分钟内完成品饮竞技	操作时间：超1分钟之内扣1分；超1～2分钟扣3分；超2分钟及以上扣5分；少于8分钟扣5分；8～9分钟扣2分；9～10分钟扣1分
7	问题场外抽答（10分）	10	备考区随机抽取5道问题，限时5分钟当场作答，每题2分	未回答或回答错误1题扣2分；5题扣10分；选手回答与实际答案部分不一致的，由裁判根据回答情况酌情扣分

4.茶席创新竞技评分标准

（1）茶席创新竞技——茶席设计简介评分标准

序号	项目	分值/%	要求和评分标准
1	主题阐述	25	文字阐述准确、合理，有深度，语言表达优美、凝练：①主题内容，从鲜明、内涵、原创性等三个方面评判，每个方面分好、中、差三个层次赋分，好不扣分，中扣1分，差扣2分；②主题设计，从新颖、巧妙、艺术性等三个方面评判，每个方面分好、中、差三个层次赋分，好不扣分，中扣1分，差扣2分；③主题创新，从构思设计和整体搭配两个方面评判，每个方面分好、中、差三个层次赋分，好不扣分，中扣2分，差扣3分；④其他不规范因素酌情扣1～2分

序号	项目	分值/%	要求和评分标准
2	主体器具配置说明	25	文字阐述准确、合理，有深度，语言表达优美、凝练：①茶叶与茶具搭配，从合理、协调、完整、实用等属性评判，每一个属性表达分好、中、差三个层次赋分，好不扣分，中扣2分，差扣3分；②席面主体器具与物件间搭配，从合理、协调、巧妙等特性评判，每一个特性表达分好、中、差三级赋分，好不扣分，中扣2分，差扣3分；③其他突兀因素酌情扣1～2分
3	色彩色调搭配说明	25	文字阐述准确、合理，有深度，语言表达优美、凝练：①茶席整体色彩搭配，从美观、协调、合理等属性评判，每一个属性表达分好、中、差三个层次赋分，好不扣分，中扣5分，差扣7.5分；②茶席整体色调搭配，从协调、合理两个属性评判，每一个属性表达分好、中、差三个层次赋分，好不扣分，中扣2.5分，差扣5分；③茶席器具、物件材料质地，从搭配合理角度，分好、中、差三个层次赋分，好不扣分，中扣2.5分，差扣5分；
4	背景配饰音乐配置说明	25	文字阐述准确、合理，有深度，语言表达优美、凝练：①茶席背景与茶席主题搭配，从映衬与协调两个方面评判，分好、中、差三个层次赋分，好不扣分，中扣2.5分，差扣3.5分；②茶席背景音乐与主题搭配，从渲染力、感染力、意境美等方面评判，分好、中、差三个层次赋分，好不扣分，中扣2.5分，差扣3.5分；③茶席配饰与茶席整体搭配，从完美、协调、合理三个方面评判，分好、中、差三个层次赋分，好不扣分，中扣2.5分，差扣3.5分；④其他突兀搭配酌情扣1.5～2.5分

（2）茶席创新竞技——茶席作品展示评分标准

序号	项目	分值/%	要求和评分标准	扣分点
1	主题特性	25	主题鲜明、有原创性，构思新颖、巧妙，富有内涵、有艺术性及个性	①主题内容，从鲜明、内涵、原创性等三个方面评判，每个方面分好、中、差三个层次赋分，好不扣分，中扣1分，差扣2分；②主题设计，从新颖、巧妙、艺术性等三个方面评判，每个方面分好、中、差三个层次赋分，好不扣分，中扣1分，差扣2分；③主题创新，从构思设计和整体搭配两个方面评判，每个方面分好、中、差三个层次赋分，好不扣分，中扣2分，差扣3分；④其他不规范因素酌情扣1～2分
2	主体器具配置	25	茶具与茶叶搭配合理，器具组合完整、协调、配合巧妙、并具有实用性	①茶叶与茶具搭配，从合理、协调、完整、实用等属性评判，每一个属性表达分好、中、差三个层次赋分，好不扣分，中扣2分，差扣3分；②席面主体器具与物件间搭配，从合理、协调、巧妙等特性评判，每一个特性表达分好、中、差三级赋分，好不扣分，中扣2分，差扣3分；③其他突兀因素酌情扣1～2分
3	色彩色调搭配	10	茶席整体配色美观、协调、合理	①茶席整体色彩搭配，从美观、协调、合理等属性评判，每一个属性表达分好、中、差三个层次赋分，好不扣分，中扣2分，差扣3分；②茶席整体色调搭配，从协调、合理两个属性评判，每一个属性表达分好、中、差三个层次赋分，好不扣分，中扣1分，差扣2分；③茶席器具、物件材料质地，从搭配合理角度，分好、中、差三个层次赋分，好不扣分，中扣1分，差扣2分

序号	项目	分值/%	要求和评分标准	扣分点
4	背景配饰音乐配置	20	茶席背景、插花、相关工艺品等配饰搭配完美，以及背景音乐能渲染主题，富有感染力	①茶席背景与茶席主题搭配，从映衬与协调两个方面评判，分好、中、差三个层次赋分，好不扣分，中扣 2 分，差扣 3 分；②茶席背景音乐与主题搭配，从渲染力、感染力、意境美等方面评判，分好、中、差三个层次赋分，好不扣分，中扣 2 分，差扣 3 分；③茶席配饰与茶席整体搭配，从完美、协调、合理三个方面评判，分好、中、差三个层次赋分，好不扣分，中扣 2 分，差扣 3 分；④其他突兀搭配酌情扣 1~2 分
5	作品文字陈述	12	文字阐述准确、有深度，语言表达优美、凝练	①陈述内容上，从文字表述准确、有深度两个方面评判，分好、中、差三个层次赋分，好不扣分，中扣 2 分，差扣 3 分；②遣词造句上，从语言表达优美、凝练两个方面评判，分好、中、差三个层次赋分，好不扣分，中扣 1 分，差扣 2 分；③没有标题扣 2 分，标题不准确扣 1 分；④字数不足或超过，每 15 字扣 1 分，有错字每 5 字扣 1 分；⑤其他不规范因素酌情扣 1~2 分
6	时间	8	现场布置茶席在 10 分钟之内完成	①布席时间在 10~12 分钟内完成扣 3 分；②布席时间在 12~14 分钟内完成扣 5 分；③布席时间在 14 分钟以上扣 8 分

（二）评分方法

竞赛评分严格按照公平、公正、公开的原则。裁判人员组成将根据参赛选手数量而定。以 90 名参赛选手为例，竞赛将分 A、B 两组同时进行，指定茶艺竞技每个组每批每种茶类共 5 名选手同时比赛，4 名裁判执裁；全部组别批次的比赛在竞赛第一天上午完成。创新茶艺竞技、品饮茶艺竞技将分组分批次进行，品饮茶艺竞技每组 4 名裁判执裁；创新茶艺竞技每组 7 名裁判执裁，去掉最高和最低分后取平均分为比赛最后得分，从第五组开始陆续依次当场亮分，分别于竞赛第一日下午和第二日全体完成比赛。茶席创新竞技按每个组每批 5 名选手同时比赛，竞赛电子作品由 7 名裁判执裁，去掉最高和最低分后取平均分为比赛最后得分，茶席现场展示由 B 组评委（组成同前）当场打分。

竞赛分数将采用实时公布，分数公布时只显示参数队伍的参数序号和在该环节获得的分数。指定茶艺竞技环节、茶席创新竞技环节、品饮茶艺竞技环节的比赛分数在该环节结束后，即刻统分并经裁判组审核后张榜公布；创新茶艺竞技环节从第五组开始陆续依次当场亮分，并经裁判组审核后张榜公布。

本次竞赛团队各项成绩按照百分制计分。总成绩（分）＝指定茶艺竞技分数×30%＋创新茶艺竞技分数×35%＋品饮茶艺竞技分数×25%＋茶席创新竞技分数×10%。参赛团队放弃任一环节将不参与比赛总分排名统计。在竞赛过程中，参赛选手如有不服从裁判判决、扰乱赛场秩序、舞弊等不文明行为，由裁判长按照规定扣减相应分数，情节严重的取消竞赛资格，竞赛成绩记 0 分。

茶艺技能大赛强调用科学的方法，充分展示茶的色、香、味、形，同时要求展示的过程优美，做到茶美、器美、水美、意境美、形态美、动作美，要求结果美与过程美完美的结合，让欣赏者得到物质和精神上的享受。

竞赛总成绩由指定茶艺竞技、创新茶艺竞技、品饮茶艺竞技、茶席创新竞技四部分的加权成绩组成，合计 100 分。总成绩相同的情况下，以创新茶艺竞技成绩较高者排名在前；在创新茶艺竞技成绩依然相同的情况下，则以品饮茶艺竞技成绩较高者排名在前；若在创新茶艺竞技成绩、品饮茶艺竞技成绩相同的情况下，则以指定茶艺竞技成绩较高者排名在前；若在创新茶艺竞技成绩、指定茶艺竞技成绩、品饮茶艺竞技成绩相同情况下，则以茶席创新竞技成绩较高者排名在前。

十二、奖项设定

本赛项奖项设个人奖。竞赛个人奖的设定为：一等奖占比 10%，二等奖占比 20%，三等奖占比 30%。

获得一等奖的指导教师由组委会颁发优秀指导教师证书。

十三、赛项安全

1）赛场的布置，赛场内的器材、设备，应符合国家有关安全规定。承办单位赛前按照赛项执委会要求排除安全隐患。

2）比赛现场内参照相关职业岗位的要求为选手提供必要的劳动保护。在具有危险性的操作环节，裁判员要严防选手出现错误操作。

3）为了使大赛安全顺利地进行，保障参赛及工作人员的人身安全，按照比赛技术规范制订安全操作规程，参赛选手和工作人员必须按规程操作，同时制定突发安全事故应急预案，能及时有效处理大赛期间突发安全事故。

4）提供保证应急预案实施的条件。对于比赛内容涉及大用电量、易发生火灾等情况，明确制度和预案，并配备急救人员与设施。

5）大赛期间，在赛场管理的关键岗位，增加力量，建立安全管理日志。

6）在竞赛不被干扰的前提下赛场全面开放，欢迎各界人员沿指定路线、在指定区域内到现场观赛。

十四、申诉与仲裁

本赛项在比赛过程中若出现有失公正或有关人员违规等现象，代表队领队可在比赛结束后 2 小时之内向仲裁组提出申诉。大赛采取两级仲裁机制。赛项设仲裁工作组，赛区设仲裁委员会。大赛执委会办公室选派人员参加赛区仲裁委员会工作。赛项仲裁工作组在接到申诉后的 2 小时内组织复议，并及时反馈复议结果。申诉方对复议结果仍有异议，可由省（市）领队向赛区仲裁委员会提出申诉。赛区仲裁委员会的仲裁结果为最终结果。

十五、竞赛观摩

本赛项在指定茶艺竞技环节将全程公开观摩，嘉宾、观摩团队、参赛队参赛选手和指导教师等均可到指定观摩区域观摩比赛；创新茶艺竞技环节、品饮茶艺竞技环节为保证比赛的有序进行，每个参赛院校同一时间段内只允许 2 名人员进入比赛场地指定观摩区观摩比赛（届时将发放观摩证，凭观摩证进入观摩区就座，参赛选手只有在完成品饮茶艺竞技后才能观摩品饮茶艺竞技比赛，一经发现违规，将交由大赛组委会处理）。茶席创新竞技环节融入特色体验环节，将全程公开观摩，嘉宾、观摩团队、参赛队参赛选手和指导教师等均可到现场观摩比赛和现场体验。

观摩比赛时各观摩人员应严格遵守各项观摩纪律，现场观摩时，观摩人员须按指定路线进入指定区域就座，就座后不得随意走动、大声喧哗，比赛过程中不允许摄像，并服从现在工作人员安排；没有观摩证不得进入比赛场地观摩比赛（创新茶艺竞技环节、品饮茶艺竞技环节）。

十六、竞赛视频

竞赛全过程（包括开幕式、指定茶艺竞技环节、创新茶艺竞技环节、品饮茶艺竞技环节、茶席创新竞技环节（特色体验环节）、闭幕式（颁奖仪式）、领队会议、选手参观场地等）进行摄录像，并刻盘存档。制作优秀选手采访、优秀指导教师采访、裁判专家点评和企业人士采访视频资料，突出赛项的技能重点与优势特色。为宣传、仲裁、资源转化提供全面的信息资料。

十七、竞赛须知

（一）参赛队须知

1）本赛项为个人赛，每省每类茶（绿茶、红茶、乌龙茶）参赛人数原则上不超过 2 人，且同一参赛院校参赛选手不超过 2 人，参赛选手经组委会确认后原则上不得变更。参赛选手须为高等职业院校的茶学专业或相关专业的全日制在籍学生，年级不限。

2）按赛项执行组要求准时参加领队会、抽签等会议，并认真传达、落实会议精神，确保参赛选手准时参加各项比赛。

3）熟悉竞赛流程，妥善管理本队人员的日常生活及安全，与竞赛办公室相关工作小组联系，做好本队人员每天的吃、住、行安排。

4）贯彻执行竞赛的各项规定，竞赛期间不得私自接触裁判。

5）每个参赛院校可配领队 1 名，负责竞赛的协调工作。

（二）指导教师须知

1）指导教师：每名选手限报 1 名指导教师，指导教师须为本校专兼职教师。指导教师经报名并通过资格审查后确定。

2）在比赛期间，指导教师不得进入竞赛场地内，发现违规取消该队参赛资格。

（三）参赛选手须知

1）参赛选手严格遵守赛场规章、操作规程，保证人身及设备安全，接受裁判员的监督和警示，文明竞赛。

2）各参赛选手应在竞赛开始前一天规定的时间段进入赛场熟悉环境。

3）限于竞赛场地设备等条件的制约，创新茶艺竞技项目的竞赛需要分组分场地进行，选手参加竞赛的场地和序号将通过抽签决定。比赛期间参赛选手不得离开比赛场地，如有特殊情况，需经裁判人员同意后方可离开，但离开期间的时间一律计算在比赛时间内。

4）每批次参赛选手必须在正式比赛前30分钟到赛场报到，报到时应持本人身份证和学生证，并佩戴大赛组委会签发的参赛证、胸牌。只有等比赛正式开始后，方可进行操作。

5）参赛选手进入赛场，不允许携带任何书籍和其他纸质资料（相关技术资料由组委会提供），不允许携带通讯工具和存储设备。

6）竞赛时，在收到开赛信号前不得启动操作，各参赛选手需在抽签确定的工位上完成相应竞赛项目，严禁作弊行为。

7）比赛期间，参赛选手必须严格遵守赛场纪律，除携带竞赛所需自备用具外，其他一律不得带入竞赛现场，不得在赛场内大声喧哗，不得作弊或弄虚作假；同时，必须严格遵守操作规程，确保设备和人身安全，并接受裁判员的监督和警示。若因选手因素造成设备故障或损坏，无法进行比赛，裁判长有权终止该队比赛；若因非选手个人因素造成设备故障的，由裁判长视具体情况做出裁决。

8）比赛终止后，不得再进行任何与比赛有关的操作。选手在竞赛过程中不得擅自离开赛场，如有特殊情况，需经裁判人员同意后作特殊处理。

9）参赛选手应遵守竞赛规则，遵守赛场纪律，服从大赛组委会的指挥和安排，爱护竞赛场地的设备和器材。

（四）工作人员须知

1）严守大赛岗位职责，听从赛区组委会办公室指挥调度。

2）在执委会及下设工作机构负责人的领导下，以高度负责的精神、严肃认真的态度和严谨细致的作风做好工作。

3）熟悉比赛有关规定，认真执行比赛规则，严格按照工作程序办事。

4）举止文明，态度和气，工作主动，服务热情。

5）不相互打听、杜绝传递比赛情况。

6）必须佩带大赛工作证上岗。

十八、资源转化

指定茶艺竞技环节、品饮茶艺竞技环节的教学资源转化：本次技能大赛的项目邀请职教专家和行业企业专家组成赛项专家组共同合作开发，按照企业岗位要求和职业标准设计赛项、研制赛题，组织裁判工作和提供技术保障。赛后专家组及时收集、整理指定茶艺环节的设计、实施过程和评分标准，并转化为教学项目或案例及考核方案，公布在大赛宣传网站上，从而推动全国各高职院校专业教学改革与建设。

创新茶艺环节、茶席创新环节的教学资源转化：本次竞赛的创新茶艺环节、茶席创新竞技环节将全程录像，其中各赛项的一等奖作品及其设计理念，将以视频形式公布在大赛宣传网站上，供参赛院校交流和学习。茶艺理论知识题库在赛后将以电子书形式供参赛单位下载。